舒雪冬◎编著

10~18岁青春叛逆期,
父母要懂的心理学

中国纺织出版社

内 容 提 要

青春期对孩子来讲是一个特殊的成长阶段,环境的影响、身体的变化都会让孩子产生恐慌和不适;而自我意识慢慢形成,也会促使孩子做出诸多叛逆行为。

本书帮助家长了解青春期孩子的内心想法,有的放矢地给予切实有效的教子指导,为父母找到打开孩子心房的钥匙,引导孩子走向健康阳光的生活。

图书在版编目(CIP)数据

10~18岁青春叛逆期,父母要懂的心理学/舒雪冬编著. —北京:中国纺织出版社,2015.4 (2020.7重印)

ISBN 978－7－5180－1377－7

Ⅰ.①1… Ⅱ.①舒… Ⅲ.①青春期—青少年心理学

Ⅳ.①B844.2

中国版本图书馆 CIP 数据核字(2015)第 026195 号

责任编辑:闫 星 责任印制:储志伟

中国纺织出版社出版发行
地址:北京市朝阳区百子湾东里 A407 号楼 邮政编码:100124
销售电话:010—67004422 传真:010—87155801
http://www.c-textilep.com
E-mail:faxing@c-textilep.com
中国纺织出版社天猫旗舰店
官方微博:http://weibo.com/2119887771
三河市宏盛印务有限公司印刷 各地新华书店经销
2015 年 4 月第 1 版 2020 年 7 月第 6 次印刷
开本:710×1000 1/16 印张:17.5
字数:221 千字 定价:29.80 元

前言

　　生活中的父母们，细心的你是否发现，当孩子进入初中以后，他（她）似乎变了很多：是不是突然长高了？是不是突然变得闷闷不乐？是不是不再像以前那么听话了？是不是不把所有的秘密都告诉你了？是不是时常会拿着小镜子照来照去，开始关注自己的外形和穿着了，爱干净了？并且，你发现，他（她）经常会对你说："什么都不懂，懒得跟你说。""你不明白的。"……

　　其实，这些语言和行为都表明你的孩子青春期了。

　　那么，什么是青春期呢？心理医生认为，孩子在10岁之前是对父母的崇拜期，而12~16岁是孩子的"心理断乳期"，孩子进入到这个年龄段，随着身体的发育、所学知识的增加以及知识面、阅历的增加，他们的自我意识增强，他们渴望脱离对父母的依赖，因此，极易对父母产生"逆反心理"而不服父母的管教。为此，很多父母操碎了心：一方面，孩子正处在青春期，会面临成长中的烦恼，需要有个倾诉的对象，而孩子似乎已经对自己锁上了心门；另一方面，青春期是个特殊的时期，孩子一不小心，就可能走上错误的人生道路……

　　现代社会，大部分家庭都只有一个孩子，父母们把所有精力都放到孩子身上，孩子成功了就意味着百分之百的成功，而失败了就意味着百分之百的失败，父母们输不起。所以父母们"望子成龙"、"望女成凤"的愿望比任何时候都更为迫切，而与之相对应的是父母对孩子的规划越来越多，甚至日常生活都要严加管理，时时刻刻地看管、监视和提防，这使得父母们耗尽时间、心机和精力，却并没有培养出真正出类拔萃的好孩子。

实际上，作为父母，如果不了解青春期孩子的独特心理，不了解他们的成长困惑，不掌握一些打开孩子心门的心理学方法的话，那么，我们便很容易陷入"孩子冲动叛逆，父母气急败坏"的教育困境。父母们，应该学一点心理学了！

当然，父母需要学习的心理学知识很多，比如，为什么青春期的孩子开始封闭内心？青春期的孩子为什么叛逆？他们为什么变得躁动不安？……在了解青春期孩子的这些特殊表现背后的原因后，我们就能做到有的放矢，从而找到最佳的教育方法，帮助孩子消除很多青春期的烦心事！

总之，青春期的家庭教育不是一门简单的学问，敏感、复杂，需要认真对待。家庭教育的关键在家长，家长的方法和态度直接决定了能否和孩子融洽相处，能否使孩子顺利、健康、快乐地度过自己人生中的特殊时期。

编著者
2014年11月

目录

第①章

迷茫的青春期，父母要理解孩子的叛逆心理

　　青春期的到来，随着身体发育的加快，孩子在思维上也开始完善。他们开始思考自己，思考未来与人生，同时，他们会面临很多不解与困惑。此时，渴望独立的他们本能地开始摆脱这些困惑，于是，他们叛逆，反抗父母与老师……一些父母一看到孩子出现与以往不同的举动，便会产生焦虑心理，认为孩子可能会越轨等，甚至对孩子严加管教。实践证明，这种方法并没有太大的效用。其实，面对青春期孩子的逆反，最好的方法是蹲下身来，和孩子建立一种平等的朋友关系，理解、支持孩子，与孩子建立起真正的亲密关系，让孩子的世界真正接纳你！

心理断乳期，理解孩子总是希望独处的心理

◎ 父母的烦恼：

这天下班后，王先生还是和平时一样，开车来到儿子的学校，等候在大门口。儿子出来后，神情怪怪的，王先生一眼就看出儿子不对劲。

"怎么了？有什么不开心的事情吗？"王先生问。

"爸，以后你能不能别来接我放学？"

"怎么了？坐爸爸的车难道不好吗？总比你挤公交车好吧？"王先生一脸的疑问。

"反正你别来就是了，从明天开始我自己骑单车就行。"说完，儿子和几个同学挤到一辆公交车上了。王先生彻底迷糊了。

回到家之后，王先生和妻子提到这事，妻子说："我也发现最近儿子怪怪的，以前总嚷嚷自己衣服小了，让我给买新的，可是现在，我拉着他上街都不肯，即使在街上，也是左顾右看，好像有人跟踪他似的。后来，他干脆让我给他钱，说要自己买。"说完，妻子也是一脸茫然。

可能很多家长对孩子的这一表现都感到"丈二和尚摸不着头脑"。其实，这些情况对处于心理断乳期的青春期孩子来说，是一种很正常的现象。

心理医生认为，12~16岁是孩子的"心理断乳期"。那么，什么是"心理断乳期"呢？

人的一生有两个重要时期，一个是生理断乳期，发生在1岁左右；第二个就是"心理断乳期"。

为人父母，我们都知道，任何孩子，在婴儿期断乳都是痛苦的。面对饥饿，他们疯狂地哭叫，张开待哺的小口执拗地寻觅母亲的乳头，而狠心

的母亲却一勺勺给孩子喂进他所陌生的食物，孩子一次次倔强地吐出，最后终于进食了。这就是人类适应环境的一次重大转折——生理的断乳。

接下来，从12岁开始，孩子们开始逐渐脱离对父母的依赖，直到18岁完成。这个过程，就是少年逐渐摆脱父母、走向成人的过程。这一过程，被心理学家称为"心理断乳期"。此时孩子渴望获得独立，渴望父母重新审视自己，把自己当做成人看待。但同时，他们自身又有很大的依从性，无论是精神上还是经济上，他们都不能摆脱对父母的依赖，尤其是当他们遇到一些青春期的生理和心理问题的时候，他们更需要获得父母的帮助。

可见，青春期的孩子渴望塑造自我，渴望独立，渴望周围的人以及父母把自己当做成人来看。不仅对父母、在家里，在学校里，他们也不再像小学生那样事无巨细地一概告诉老师，他们更热衷于在老师的视野之外用体力或脑力来解决同龄人之间的争端。他们甚至学会了用拳头解决同龄人之间的问题……这些都让他们有一种独立、自主的感觉。他们喜欢这种感觉，这不是父母的过错。

作为父母，我们只是想要回原先所习惯的那份透明，那份亲密无间的关系，希望能洞彻孩子的内心世界，生怕孩子一个人外出遭受危险，我们更受不了在孩子与我们之间横亘着一个我们无法洞察、无法把握的地带。

那么，我们该怎样才能找回那份亲密的亲子关系呢？

♣ 心理支招：

1. 不要剥夺孩子独处的机会

青春期的孩子已经是半个大人了，他们完全可以照顾自己，可以独立处理一些问题。对此，我们千万不可强制，否则，很容易引起孩子的反感。在孩子独自外出之前，我们一定要与孩子订立安全协议，比如，不可在晚上十点之后回家，遇到问题要给爸妈打电话等。

2. 相处时，把主动权交给孩子

一般来说，青春期的孩子不想与父母一起，是因为他们不希望周围的人把自己看成是孩子，看成是父母的附属品。为此，我们应解除孩子的这种心理负担，比如，应该让孩子决定今天去哪里、做什么等。这样，孩子会感受到父母重视自己的意见，他们渴望独立的这种心理被理解了，自然，他们也就乐意和父母一起享受天伦之乐了。

如果说孩子年幼时曾在与父母的融合中获得完整感，那么，当少年从心理上把自己从与父母的联合中切割开来后，他们会在不同程度上产生一种"外人感"。于是，他们急于要摆脱父母的保护，他们希望能拥有更多的空间。对此，父母要承认孩子的成长，做孩子成长路上的支持者，而不是决策者！

说一句顶十句——叛逆期的孩子总认为自己"有理"

◎ 父母的烦恼：

某心理医生遇到一位母亲，这位母亲苦恼地诉说自己的遭遇：孩子过了这个暑假就念初三了，可不知怎么回事，从这个暑假一开始，她好像变了一个人，平时要么是一个人闷在房间里上网、玩游戏，要么就是对家长不理不睬。更奇怪的是，前两天她和爱人想跟女儿好好沟通一下，谁知没说几句话，女儿就顶撞说："我就是不知好歹，不可理喻。"她还在自己的房间门上用电脑打了"请勿打扰"几个字贴在上面，气得自己无话可说。

实际上，生活中，还有一些青春期孩子，比案例中的这个女孩更为逆反，他们基本上不和父母沟通，父母说一句，就顶十句，而且他们总觉得自己是对的。而作为过来人的父母，自然更有"发言权"，于是，很多父母便为了更正孩子的观点而极力发表自己的观点。如果双方始终坚持自己的立场，那么，便极容易产生一种对立的关系。其实，作为父母，如果能感受孩子的想法，将会发现，其实孩子的想法也有其一定的道理。

那么，青春期的孩子为什么会如此逆反呢？

青少年之所以产生叛逆心理，是有以下三个方面的原因：

第一，青春期的孩子因为身体发育而产生了一些属于青春期的独特心理。身体上的变化、第二性征的出现给他们的心理造成了一些冲击，他们往往会对此感到不知所措。因此，他们便会产生浮躁心理与对抗情绪。

第二，除了身体上的发育并趋于成熟外，青少年还渴望独立，希望周围的人把自己看成成年人。因此，在面对问题时他们常常呈现一种幼稚的独立性，并未成熟的他们会处在反抗期内。

第三，自我意识的增强以及社会上各种新奇事物的冲击也让青少年们对很多东西产生兴趣，他们便要通过表现个性、追逐时尚等方式来满足自己的好奇心。

另外，很多其他因素，比如，社会和家庭教育的一些不足，也成为青少年叛逆的源头。此外，青少年如今面临的各种压力，比如就业压力、学习压力以及生活中的无聊情绪等，也是叛逆心理产生的"沃土"。

很多家长一看到孩子出现与以往不同的举动，就认为这是青春期的逆反行为，担心自己的让步就意味着孩子的越轨。然而，对孩子的每个小细节都横加指责会使较小的争吵升级为全面战争。因为，孩子最厌恶的就是父母对自己管得太多、干涉太多。

为此，在孩子有逆反苗头的时候，家长首先要反思，也许是自己正在挑起这种情绪，或者孩子对自己的什么地方有意见，然后有针对性地找办法解决。

♣ 心理支招：

1. 把命令改为商量

在很多问题上，父母不要太过武断，也不要替孩子做决策，而应该先问询孩子的意见，"你是怎么认为的呢？你打算如何处理呢？你打算什么时候开始做呢？"这就表示了父母对孩子的尊重。在了解了孩子的想法后，如果有些部分不正确，那么，我们再以研究和探讨的语气与之商量："我能理解你的想法，但我们还要考虑这件事的可行性……你认为妈妈的意见对吗？"

孩子是聪明的，有判断力的。如果父母的话有道理，孩子也是会采纳。同时，父母与孩子之间的交流会越来越多，亲子关系会更好。

再比如，孩子周末想去朋友家玩，你可以和孩子商量，让其和更多的孩子去交往，但一定要讲究原则；例如，你去的地方要告知家长，你什么时候回家，都有哪些人，玩多长时间等。如果孩子要求在朋友家住，你要告诉孩子不行，如果晚得太晚，爸爸妈妈可以去接你，那样爸爸妈妈不会担心。支持孩子，同时也告知其不能破坏原则，这样孩子会得到他的快乐，但也不会放纵他。给孩子一个空间，让他自己去体验，去成长。家长永远是孩子的后盾，是支持者和帮助者，才不会让孩子离自己越来越远，才会让孩子幸福快乐地成长。

以商量的方式去解决问题，即使商量失败，感情氛围也会增强，有利于以后问题的沟通。家长经常犯的错误是，当前问题没解决，还破坏了感情气氛，阻断了感情沟通，失去今后问题解决的机会。

2.不妨让孩子吃点"苦头"

这个阶段正是孩子形成主见的关键时期，小错肯定难免，所以，家长应该允许孩子犯一点错，吃点亏，不要过分束缚孩子的手脚。

举个很简单的例子，如果你的儿子"要风度不要温度"，寒冬腊月坚决不穿毛衣，如果商谈没成功，你不用着急，让他挨冻一次没关系。如果他真感冒了，就会明白你的意图，至少以后会考虑你的意见。

总之，对于青春期叛逆的孩子，支持要比压制好，商量要比命令好，另外，只要孩子的想法合理，就要给以全力的支持！

"我就是要和你唱反调！"——青春期孩子为何总有反抗情绪

◎ 父母的烦恼：

场景一：

在某中学的一次家长会上，很多家长纷纷提出，孩子到了初中后脾气就变坏了，父母的话根本听不进去，甚至还公然和父母对抗。

"女儿上小学时很懂事乖巧，叫她做什么就做什么。自从上了初中就跟变了一个人似的，老说我唠叨，多说一句就厌烦我，摔门走开。我为她做了这么多，还不领情！"

"儿子13岁，年前还是个很听话的孩子，过完春节就不行了，学习成绩急骤下降，偷着上网吧，跟不好的孩子玩，作业也不做。我现在处处监督他，可是越管越不听，特别逆反，老跟我顶嘴，和我对着干。求他也不是，骂他打他也不是。我没招了！"

场景二：

你说："天冷了，穿上毛裤吧。"

孩子说："用不着，我不冷。"

你说："天气预报我刚听过，还能有错吗？"

孩子说："我这么大了，连冷热都不知道吗？"

你说："你怎么越大越不听话，还不如小的时候呢？"

孩子说："你以为我傻呀，真是的。以后少管闲事。"

这样的场景，或许很多家长都遇到过。我们会发现，孩子到了青春期后，好像总是故意和自己作对似的，总和自己唱反调。很多父母感叹："我让他往东，他就是往西。""我说的话，他就没有听过。"的确，青春期的孩子，常常会产生逆反心理。逆反心理是指人们彼此之间为了维护自尊，而对对方的要求采取相反的态度和言行的一种心理状态。

其实，作为父母，我们自身也应该反思：你理解孩子吗？你真正聆听过孩子的想法吗？孩子有自己的想法，需要家长聆听，聆听他（她）的想法。有时候他(她)的心里没有太大的事情，只是想找个对象倾诉一下，把内心的烦躁说出来，这个时候你的唠叨反而让孩子更加的烦躁。

这里说的聆听，是需要用心去聆听，用心去感受孩子成长的变化，来合理地引导孩子。好的教育是让你的教育方式适应孩子，而不是让孩子来适应你的教育方式。不要以为以前的教育方式就是正确的，那是因为孩子还太小，处于弱势，没有拒绝的权利和抗拒的能力。而到了青春期，孩子就敢于对家长说"不"，敢于"抗旨"，而家长也开始变得困惑、生气、抱怨、伤心……

♣ 心理支招：

1. "五分钟后再谈"

任何教育方法的前提都需要我们父母能够控制住自己的情绪。在气头上的父母，怎么会有能力、有智慧运用良好的方法呢？

"五分钟后再继续谈"。面对孩子的事情，给自己留五分钟的冷静时间。冷静下来，你会发现其实没什么大不了。孩子走进青春期，需要父母用耳朵、用心去倾听孩子，理解孩子。

2. 做出一些让步

让步可以在很多时候表明你欣赏孩子的成熟，并且意识到他对更多自由和自主的需求。

这里，我们需要明白以下两点：

（1）可以商榷的：对于那些不影响学习、不涉及孩子的生活质量和生活习惯的，就是可以商榷的，比如，睡觉时间、发型、衣服的样式，这些可以商榷，并达成协议。

（2）不可以商量、妥协的：不符合以上原则的，也就是不能商榷的，比如，孩子不做作业、抽烟喝酒等，就绝不能妥协。对此，即使孩子与你争吵，你也不必害怕破坏与孩子间的关系而一味妥协让步，你需要通过规定限度与制订标准来规范孩子的行为。

事实上，即使父母们的规矩不多，他们也不会得到青春前期孩子的"较高评价"。父母可以通过交流与让步避免强烈的冲突，但是必须制订一些标准，这是让孩子学会自律的主要方式之一。

3. 契约法

父母之所以唠叨，孩子之所以发脾气，都是因为在某些问题上没达成一致意见，于是，孩子还是继续挑战父母的极限，他高举着"我青春期了，我要……"的大旗：明明规定的是8：30之前回家，但是最近孩子总是频频违规，早则9点，晚则10点多。面对这样的孩子，你会怎样做？

对此，我们可以采用契约法：

如果你是一个事必躬亲的家长，连孩子的饮食起居、学习、情感都想掌控的家长，那么，你必须做出一些改变。

新学期一开始，陈新为了能让唠叨的妈妈"收敛"点，就想出了一个好主意——准备了一份合同。这天，当妈妈又在吃饭时说些老生常谈的话题时，陈星把筷子一放，站起来郑重地说："妈妈，咱们签份合同吧！"

合同是这样的：

①以后妈妈不在吃饭时间问儿子的学习情况；作业不会时，妈妈不许发脾气，不许敲桌子，要耐心讲解；周末给儿子放松时间，不能硬性规定必须9点睡觉。

②儿子要主动跟妈妈谈心，不乱花钱，不瞒着妈妈做事情，每天洗自己的碗，叠自己的被子。

③合同有效期：本学期。

母子俩都签了字，然后按照协议行事，很快母子关系缓和了。妈妈再也不在吃饭时间问个不停，陈新的变化也很明显：不乱花钱买玩具，按时写作业，还承担了全家的扫地任务。

其实，"契约教育法"的秘诀就在于：孩子的行为一旦约定俗成，家长就不用三令五申，照章考核孩子的行为就行了。它可以帮助孩子自我观察，建立良好行为，父母省去了许多说教，亲子之间的情绪冲突大大减少，孩子也会因此学会自主管理。

总之，青春期的孩子和父母唱反调，父母就要做出教育方法上的调整，该放手时要放手，教会孩子去为自己负责，该信任的时候要信任，给孩子锻炼的机会，这样才能让孩子在体验中成长。

"能不能别管我！"——青春期的孩子很不听话

◎ 父母的烦恼：

刘先生是一个单亲爸爸，在儿子小文还很小的时候，妻子就去世了。一直以来，他和儿子的关系都很好，小文也很听话，但最近一段时间，他在教育儿子上，却遇到了很大的麻烦。

小文是一所名校初二年级的学生。前几天，小文的班主任打电话给刘先生，刘先生一接电话，就知道是儿子在学校的事情。班主任说，小文最近学习情绪不大好，成绩下滑很厉害，而且，学习劲头很不足，希望刘先生能多关心和帮助孩子。听到班主任这么说，刘先生自己也很伤脑筋，他说："其实，我也很纳闷。小文一直都很听话，可是不知从什么时候起，他根本就不愿意和我说话，一回家就躲进自己房间。有一次，我实在看不下去，就跑到他房间去问他在学校的学习情况，他竟然把我推出了房间。"

在刘先生的印象中，儿子一直是个乖巧的孩子，"他小的时候很听话，学习也很努力，自己考上了这所名校，当时我觉得很骄傲。可自从上了初中，听话懂事的孩子变了，问什么都不说，还总嫌我烦。他的成绩也不如以前了，眼看着就要上初三，他现在这样的学习状态可怎么办？一个人带孩子很不容易，而且我的工作现在压力也很大。"

听到刘先生的烦恼后，班主任答应自己亲自开导小文。当班主任问小文为什么变得不听话的时候，小文的回答让张老师吃了一惊："我都14岁了，再听父母的话，会被同学们笑话是长不大的孩子。"

可能很多家长都和刘先生一样，对孩子的突然不听话感到莫名其妙。于是，他们总是问孩子，把自己的想法说给孩子，责问孩子。但是孩子究竟在想什么？最近的心理状况是什么？父母往往没有关注到。其实，这是青春期孩子叛逆心理的正常表现。

当孩子进入青春期时，他（她）的身体发育加快、思维发展到一定程度时，开始思考自我，思考人生，也开始被身心成长过程中的很多问题所困惑。此时，他（她）要本能地去挣脱这些困惑，这是人的生存本能。尤其他（她）从小至今始终在家人的呵护下成长，使他手足无措地发现现在遇到的事情和情况很麻烦，但是又不知道如何和家长说明，这种困惑和无助，致使他在挣脱困惑时趋向企图独立，于是就什么事情都不告诉家长，讨厌家长"多余"的帮助。要有自己的人格和见解，家长说什么都不听，对家长的建议不加思考地一律做否定回答，这就是叛逆！

所以，大部分青春期的孩子都认为，长大的孩子就不应该再听父母的话了，其实这是一种不成熟和没长大的表现。对此，家长一定要加以引导，让孩子正确认识是否该听父母的话。

♣ 心理支招：

1. 不要让孩子盲目听话

童话大王郑渊洁说他从来没有对自己的孩子高声说过一句话，也从来没有说过"你要听话"。"因为我觉得把孩子往听话了培养那不是培养奴才吗？"因此，对于孩子的不听话原因，你不妨告诉孩子："爸妈并不是要你盲目地听我们所说的每一句话，什么都听话的孩子就是庸才。"这样说，会很容易让孩子感受到父母对自己的理解。

2. 鼓励你的孩子有自己的思维方式

你不妨告诉孩子这样一个故事：

一位幼儿教育专家到国外看到一个幼儿用蓝色笔画了一个"大苹果"，老师走过来说："嗯，画得好！"孩子高兴极了。这时中国专家问教师："他用蓝色画苹果，你怎么不纠正？"那个教师说："我为什么要纠正呢？也许他以后真的能培育出蓝色的苹果呢！"

其实外国教师或家长容忍孩子"不听话"是有道理的，这样可以保护孩子的想象力，激发孩子的创造力。

同样，青春期的孩子，他们也有自己独特的思维。作为家长的我们，如果用成人的思维方式对他们粗暴地干涉，就会扼杀他们的想象力和创造力。

3. 给孩子一个行为标准

这个行为标准的制订必须是和孩子已经站在统一战线的前提条件下，也就是孩子认可有时候父母的话是正确的。

此时，你应该告诉孩子一个原则、一个标准。在这个标准下，他知道什么应该执行，什么应该坚决反对，掌握好这个度就可以了。不是不管他们，而是怎样合理地管的问题。

因此，综合来看，对于青春期孩子不听话这一问题，我们一定要辩证地看。我们不需要培养那种盲目听话的"乖孩子"，因为"乖孩子"真正成为社会精英、业界尖子的不多，他们大多在一般劳动岗位上工作。当然，并不是说"不听话"的孩子就一定聪明，出尖子。孩子的"听话"应更多体现在生活规矩、行为道德上，而青春期孩子天性叛逆，有自己的想法，父母应做出正确的引导，用于在学习和对待事情上。

"我就想让别人都关注我"——爱穿奇装异服的少年们

◎ 父母的烦恼：

场景一：

杨先生的儿子今年14岁，上初二。某天，放学回来的儿子顶着一头黄头发，黄头发中间又夹染几撮红头发，还穿了一条满是破洞的肥牛仔裤，耳朵上有好几个耳孔。杨先生无法接受，就来到学校，希望老师能对孩子做出一些疏导。但令他惊奇的是，儿子班上大部分男生都是这个打扮。

事后，班主任老师对杨先生说："青春期的孩子就是这么叛逆，他们知道我们无法接受，但每次看到我们这些长辈和周围的人所表现出来的异样的目光，他们就洋洋得意，因为他们觉得自己受到了关注。"

场景二：

一名高中女生的家长说，平时她很少给孩子钱，但家里的钱放在哪儿从不背着孩子，可前几天孩子竟敢花了600多块钱给自己买了好几套衣服，批评她时她却不以为然。做家长的实在拿孩子没办法。

作为父母，你是不是发现孩子孩子最近变了，总霸占着镜子不放，摆弄头发，摆各种Pose；不再喜欢妈妈带他去剪头发，不再喜欢可爱的小萝卜头；漂亮的卡子和装饰品，成了女儿的最爱……你甚至会发现孩子喜欢上了一些新奇的打扮，让你无法接受。

青春期的孩子为什么突然变得这么爱美？其实，这只是孩子叛逆的一个方面。随着自我意识和好奇心的增强，他们希望自己活得有个性，希望成为周围的人关注的对象。于是，很多青春期孩子会不遗余力让自己变得很另类。除此之外，为了使自己像个大人，容易交到朋友，更显得轻松、潇洒、大方，许多青少年用零用钱吸烟、喝酒，有的女孩子在青春期过分追求穿戴打扮，更有16岁左右的中学生与同学传出恋情……家长每天都在管孩子，可孩子们依然我行我素，有时家长管严了，孩子竟以离家出走相要挟。这些青春期叛逆的孩子让家长头痛不已。

通常，父母会忧心，不知道孩子心里在想什么？担心他们行为偏差或有更出格的状况出现，也怕孩子崇尚名牌乱花钱，更担心他们的安全。的确，青少年的逆反心理如果得不到及时合理的调适，进而发展成不可调和的矛盾或者难以愈合的伤口，那么就很可能做带有明显孩子气的傻事和蠢事，最终酿成悲剧。

♣ 心理支招：

1. 不要大惊小怪，也不要直接批评孩子的审美观点

如果我们直接对孩子说："瞧你什么德性，跟小混混有什么区别？"那么，孩子多半会立即反驳：你不懂，你不了解我的感受。父母要阅读一些流行信息，或利用机会教育，比如，跟孩子外出在地铁或路上，看到穿露臀低腰裤的女孩，跟孩子讨论："你如何看待穿着暴露的女孩子？""女孩子如果穿着暴露的衣服走在大街上，你感觉如何？""你认为这样穿好看吗？""你喜欢这样穿吗？""这样露给别人看，想证明什么？"引导孩子思考。

2. 真正关心孩子，不要只在意孩子的学习成绩

生活中，有些父母工作太过繁忙，他们只关心孩子每次的考试成绩，甚至孩子换了一个新发型、一件新衣服，他们都没察觉出来。于是，这些孩子采用一些新奇的打扮、怪诞的行为来引起父母的关注。

对于这种情况，作为父母的你，一定要对孩子说："对不起，爸爸妈妈一直以来都忽视了你的感受！"真心向孩子道歉后，你就必须用行动证明自己在关心孩子，不仅要关心孩子的学习，更要关心孩子在生活中的细小变化等。你可以告诉他（她）："不错，今天这发型绝对回头率高！"得到父母的认可，他们对自身的形象会信心大增。

3. 引导孩子认识心灵美才是真正的美，才会赢得他人的真正尊重与佩服

很明显，我们都明白，只有良好的学习成绩和道德品行才会得到周围人的认同。但对于青春期的孩子，他们并不一定有这一层次的认识。因此，作为父母的我们，不妨以事例引导："爸爸今天在回家的路上救了一位差点被车撞的老大爷，周围的人个个都竖起了大拇指。"或者和孩子一起观看具有启发意义的电影、电视剧等。另外，还可以和孩子一起评价周边的人等。在这个过程中，给孩子传递"我们要注重外表，但是内心的美才是最重要的"，让孩子的思想在潜移默化中得到改变。

总之，孩子们的叛逆需要的不是我们的大呼小叫的训话，也不是我们无休无止的打骂，他们需要的是我们合理及适度的引导和疏导。

"为什么大家都要取笑我"
——青春期的孩子更易自卑和敏感

◎ 父母的烦恼:

王女士是个心胖体宽的女性，虽然比较胖，可是她自信、开朗，人缘关系很好，大家都愿意和她来往。现在想起当年那些嘲笑自己的小伙伴，她一笑而过。

可是最近，王女士仿佛看到了当年那些场景再现:有一天，下班后，她来学校接女儿，就在学校墙角，她看到一群男生在欺负女儿。

"小胖妹，又矮又胖，将来嫁不出去咯。"

"这么胖，也跟人家一样穿紧身牛仔裤啊，真难看。"

"我见过她妈，哈哈，他们全家都是胖子啊。"

……

听到这些后，王女士的女儿真的生气了，她捡起地上的木棍，朝这些男生打过去。看到这一幕，王女士赶紧走过去，准备拉女儿走开，但没想到女儿却对自己说:"都是你的错，把我生这么胖，我才被同学们笑话!你滚开!"女儿发脾气的样子，真的让王女士震惊。

"难道是我错了，我以为女儿和我一样自信，这个咆哮的女孩子真的是我的女儿吗?"

事实上，和王女士的女儿一样，很多青春期的孩子的心里都住着一个魔鬼——自卑。通常，我们都认为，那些自卑胆小的孩子脾气会更温顺，更听话，但事实往往相反。每个青春期的孩子都是敏感的，但对于那些自信、情绪外显的孩子，他们更善于抒发内心的情感，因而懂得自我排解不良情绪。而那些自卑、内向的孩子，他们会把内心的不快郁结在心中，当他们的自卑处被挖掘出来的时候，他们的脾气就会爆发出来，甚至一反常态。这就是王女士感叹："这个咆哮的女孩子真的是我的女儿吗？"

青春期孩子大部分时间都生活在集体中，自然很容易把自己和周围的朋友、同学相比。当自己的某一方面不如他们的时候，自卑感油然而生，把这种不如人的想法积压在心中，甚至不愿意与朋友、同学相处。因此，他们往往很敏感，抱有很大的戒心和敌意，不信任别人，一点芝麻绿豆大的小事也会引发一场轩然大波。

那么，对于青春期的孩子来说，到底什么使得他们自卑、敏感呢？

1.学习成绩不如人

有些孩子因学习成绩差而过分自卑，对自己没有信心，经常为自己的成绩或其他方面的不足而苦恼，心理脆弱，有时会因此而离家出走，甚至会产生轻生的念头，尤其是在考试前后、作业太多或学习遇到挫折的时候。

2.家庭条件不如人

有些孩子，家庭条件不好或者来自单亲、离异家庭，他们会认为自己矮人一截，生怕被同学、朋友笑话，时间一长，自卑心理也就产生了。

那么，作为家长，我们该如何帮助孩子消除自卑呢？

♣ 心理支招：

1. 鼓励孩子以自己的方式追求自我

的确，青春期的孩子都标榜个性张扬、个性解放，他们有自己的喜欢的发型、音乐、明星、服装等。而父母是无法接受甚至看不惯孩子的这种表达个性的方式的，他们有自己的审美眼光，他们会认为孩子的这种行为是哗众取宠。而实际上，这是孩子内心世界的一种表达，是疏导青春期不良情绪的一种方法，而如果家长加以压制，表面上看，你的孩子会听话、懂事，但实际上，他们会觉得自己落伍了、脱队了，自卑心也很容易滋生。例如，别人无意间说一句"你穿的衣服真土"，孩子就会怀疑自己的穿衣品位和审美眼光，不仅如此，孩子还会产生郁闷、愤怒等情绪。

2. 教会孩子掌握一些消除自卑的方法

其实，每个孩子身上都有无法代替的优点和潜能，你需要教会孩子懂得自我发现并发挥出来，那么，他就能自信起来。你不妨告诉孩子以下方法：

想一想：对于挫折，你要换个角度来想，挫折和失败是对人的意志、决心和勇气的锻炼。人是在经过了千锤百炼后才成熟起来的，重要的是吸取教训，不犯或少犯重复性的错误。

比一比：与同学、好友相比，这没错，但不能只看到自己的缺点和不如人的地方。要这样想，我虽说比上不足，但比下有余。及时调整心态，以保持心理平衡，不因小败而失去信心，不因小挫折而伤掉锐气。

走一走：到野外郊游，到深山大川走走，散散心，极目绿野，回归自然，荡涤一下胸中的烦恼，清理一下混浊的思绪，净化一下心灵的尘埃，换回失去的理智和信心。

作为家长，我们都知道，如果我们总是用消极的心态对待一切事情，那不但什么事情都做不好，而且还会使自己产生无能、绝望的情绪。所以，在日常生活中，家长就应时刻引导孩子，遇事要多向积极的方面考虑，用乐观的心态看待一切事情等。当孩子拥有积极的心态后，他们往往就能很自然地保持积极的自我情感体验了。

"不要来惹我！"——孩子现在脾气怎么这么大

◎ 父母的烦恼：

一天，平时工作就非常忙碌的严太太被儿子老师的一个电话叫到学校，原来是儿子在学校闯祸了。可是令她不解的是，儿子一直很乖，连和人大声说句话都不敢，怎么会闯祸呢？

匆匆忙忙赶到学校，才问清楚情况：原来是班上有些男生挑事，说严太太的儿子小强是"胆小鬼"。老师告诉严太太，班上传言，小强喜欢某个女生，但一直不敢说，这些男生知道后，就拿这件事嘲笑小强。而小强则因为这件事很生气，于是大打出手，体型高大的他把这几个男生都打得鼻青脸肿。

"我的孩子怎么了？"严太太很是不解。

一向乖巧的小强怎么会突然这么容易被激怒而向同学大打出手？日常生活中，如果我们被人叫做"胆小鬼"，兴许我们会生气，但绝不会太过情绪激动而做出一些伤人害己的事。其实，这与青春期孩子的情绪特点有关：

一是情绪体验迅速。也就是说，这时期的孩子很不稳定，情绪来得快、去得也快。

二是情绪活动明显呈现两极性。他们的情绪活动很容易由一个面转换到另一个面，甚至由一个极端走向另一个极端。

三是情绪反应强烈。在情绪冲动时，理智控制作用减弱，很容易做出不计后果的过激行为。

案例中，小强出手打人还因为其内心承受能力差，当同学嘲笑其是胆小鬼时，一时激动的他便控制不住自己的情绪。

其实，心理承受能力关乎一个青春期孩子的成长状况。一个心理承受力强的孩子，情绪稳定，意志顽强，积极进取，敢于冒险，乐于尝试新鲜陌生的领域，面对挫折和变化也能保持乐观，百折不挠，越战越勇。而一个心理承受力弱的孩子，会表现得退缩，耐性差，懦弱，焦虑和自卑，面对困难缺乏坚持，面对自己不熟悉、不擅长的领域，宁可不做，因为不做就不会输。北京大学儿童青少年卫生研究所最新公布的《中学生自杀现象调查分析报告》显示：中学生5个人中就有一个人曾经考虑过自杀，占样本总数的20.4%，而为自杀做过计划的占6.5%。其根源都与心理承受力有关。

我们的孩子将来会生活在一个更多变化的社会，他们将会面对职场的激烈竞争，复杂的人际关系，也免不了一生中遭遇情场失意，事业困境，生意败北……总有一天，我们要先我们的孩子而去，不如早点把世界交到他们手中。他们的心理承受能力，直接关系到他们的人生是否幸福。

因此，帮助青春期孩子疏导情绪，强化孩子的心理承受能力，是父母给予孩子受益一生的珍贵礼物。

♣ 心理支招：

1. 不要对孩子期望过高，更不能拿他与别的孩子比较

无论何时，父母都是孩子的天，如果孩子感受到自己让父母失望，那么，这就是毁灭性的心理打击。

因此，作为父母，无论孩子学习成绩如何，无论孩子是否有特长等，我们都要调整好心态，为孩子的成长与进步而高兴、骄傲。这里，我们要做的是"纵向比较"，比如，如果孩子这次的测验成绩比上次好，我们就要奖励孩子，鼓励孩子。横向比较，也就是拿自己的孩子和其他孩子比较，这永远都是要不得的。

2. 理解并鼓励孩子正确地宣泄自己的情绪

青春期的孩子是脆弱的、敏感的、容易受伤的，即使是男孩，他们也会悲伤沮丧。此时，要让孩子尽情宣泄，就让他们去哭个涕泪滂沱，而不是劝孩子"别哭别哭"，"男孩子不能哭"。我们可以告诉孩子："我知道你很难过。"或者什么都别说，给孩子独处的空间和时间去消化自己的情绪，帮孩子轻轻带上门就好。

3. "事件"结束后，帮助孩子正确梳理情绪

等"事件"结束，心情基本平定后，再帮助孩子做自我反省，就能较理性、客观地看待分析；反省的另一层意义是，再一次经历当时的情绪波动，但脱离了"现场"，那么情绪压力再一次释放的同时也得到缓解。

总之，青春期是孩子们心理波动较强的时期，在这期间，孩子的心理承受能力通常都比较差，一些小事都可能引起他们的过激行为。我们要在平时管教孩子时，多注意他们的心理健康教育，并帮助他们认识自己的情绪，管理自己的情绪，让其保持稳定的心境！

第②章

自我意识初成，青春期的孩子需要沟通和尊重

孩子到了青春期后，随着身体上的巨大变化和学习压力的增大，他们渴望有个倾诉心事的对象，但一些父母似乎只关心孩子的学习，或只希望孩子按照自己的想法做事，让孩子觉得没有空间，于是，他们宁愿把心事写给日记，也不愿意向父母求助。实际上，只要我们能从孩子的角度考虑，理解青春期的孩子，给他们鼓励和平等对话的权力，孩子是愿意把心交给我们的！

任何一个青春期的孩子都需要被理解

◎ 父母的烦恼：

这天，两个母亲关于孩子的教育问题聊起来，其中一位母亲在心理诊所工作。

"你儿子还小，还好教育一点，孩子越大，越不好管啊。"

"可不嘛，尤其是现在的青春期，一个个都很叛逆。就说昨天吧，一上午，我们就接待了三个家长和他们的孩子，他们都抱怨和孩子无法相处，孩子什么都不跟自己说，他们都不知道孩子一天在干什么。孩子因为觉得父母不理解自己，久而久之，他们也不愿意跟父母沟通了，有的孩子会跟同学倾诉，而有的孩子宁愿把心事憋在心里也不跟父母说。"

"是啊，孩子进入青春期，也就进入了叛逆期。其实，孩子封闭内心也不全是孩子的问题，如果我们多理解理解孩子，做孩子的朋友，可能孩子就不会有那么大的抗拒情绪了，也愿意敞开心扉了。"

"你这句话倒是提醒了我，我家小家伙也说要和妈妈做朋友，我还说他是胡闹呢，看样子，的确有道理啊。"

这一案例告诉父母，每个青春期的孩子都需要被理解，只有先了解孩子，才能走进孩子的内心，让孩子对我们畅所欲言。

作为父母，我们也知道，学生最主要的任务就是学习。他们进入青春期后，所学习的科目也比从前显著增加，学习任务急剧加重。另外，进入青春期后，随着身体上的巨大变化，他们的情绪、心理都随之发生了很大的变化，他们认为自己已经是成人，但他们依然面临着很多烦恼，这都让他们变得敏感、叛逆。而如果不理解孩子，总是认为孩子封闭内心是孩子的错，或者用粗暴的方式干涉，那么，只能让孩子更疏离我们。

当今时代，教育孩子不能用以往的办法去教育了。作为家长，如果要想真正地把孩子教育好，必须能懂得孩子心里在想什么。而要做到这一点，有个好办法，那就是像交朋友一样走到孩子的身边，在他需要帮忙时成为他的朋友，在他需要关怀时成为他唯一的依靠，这样，才能真正地了解孩子。最好是多以朋友的语气和孩子交流沟通，等孩子对你给予他的自由有一定的了解时他才会对你打开心扉，并真正希望你能了解他的内心世界。

♣ 心理支招：

那么，作为青春期孩子的父母，该以怎样的方式来理解孩子，做孩子的知心朋友呢？

1. 了解、理解、信任孩子，给予孩子关爱

可怜天下父母心。每个父母都是爱孩子的，可是教育的结果却完全不同。为什么有的家长能跟孩子和谐相处，情同知己，有的却水火不容、形同陌路。这就是教育方法的不同所产生的不同结果。作为父母，首先要了解孩子，关注孩子的成长过程。孩子进入青春期，烦恼的事情多了，有时候脾气坏，情绪失控。作为家长要理解，首先就要了解孩子青春期的特点，才能知道孩子叛逆的原因，对症下药。

2. 鼓励孩子，给足其自信心

学生关心的永远是学习成绩，无论孩子在考试中取得了怎样的成绩，你都要给予鼓励，告诉他："你真棒！""你已经尽力了！"父母的肯定与赞扬是孩子奋发向上的灵丹妙药。同时，如果你想成为孩子的朋友，简单的一句话是不够的，你还可以帮助他制订一个适合他的学习目标，但一定要先看看他的现状和潜能。尤其有些孩子目前成绩不是很理想，那么一个比较切合实际的办法是，帮孩子制订一个分阶段的学习目标。这个目标要以他现在的成绩为基点，不妨把你的期望值放低一点，这样对于孩子的压力小一些。当孩子成功时，你可以和孩子一起分享这难得的喜悦！而

这，更能增强他的自信心。

3.适当"讨好"一下孩子，缩短彼此间的心理距离

当然，这里的"讨好"并不具备任何功利的目的，而是为了加强亲子关系。父母应该偶尔赞扬一下孩子，或者带孩子出去散散心等，让孩子感受到家庭的温暖，彼此间的心理距离就拉近了。

4.尊重孩子，平等交流

家长要学会跟孩子聊天，不要认为孩子的世界很幼稚，对孩子的话题不感兴趣，不论孩子说什么，最好表现出很感兴趣，这样孩子才有跟你交谈的欲望。

望子成龙、望女成凤的家长们，当你的孩子如此叛逆时，你们是否反省过自己的教育方法？如果你们真的想让孩子成才，就应该注意一下自己的教育方法，关注孩子的成长，理解孩子，尊重孩子，做孩子的朋友，或许他会"听话"起来！

"谁让你动我的东西？"
——青春期的孩子为何关上了同父母分享的心

◎ 父母的烦恼：

初一的时候，小兴就喜欢上了信息技术这门课程，平时一有时间，他就开始"钻研"电脑。但他的父母则明文规定，不许玩电脑，放学后必须做作业和练习，这让小兴很不高兴。于是，放学后，小兴就尽量不回家，或去同学家或去网吧。不过小兴在这方面确实很有天赋，在市青少年科技创新大赛上，小兴居然获奖了，这让他的父母吃了一惊，并重新认识了孩子"玩电脑"这一情况。但小兴却不领情了，他用自己的奖金买了电脑，一放学就把自己关在房间里。有时候，父亲为了"讨好"他，主动向他请

教电脑方面的知识，他也不理睬。

有一次，父亲听老师说小兴自己建了一个网站，便想看看儿子的成果。这天，他看见儿子的房门没关，电脑也开着，就打开看看，结果他却听到儿子在身后吼了一声："谁让你动我的东西？"因为自己理亏，父亲也没说什么。不过，从那以后，小兴的房门上就多了一把锁。

这里，小兴为什么不愿意和父母分享自己的个人爱好与努力成果呢？很简单，因为父母曾经否定过自己的爱好。很明显，面对孩子喜欢玩电脑这一问题，小兴父母的处理方式不恰当。孩子对现代科技的爱好和探索，家长应予以正确的引导和鼓励，不能以一成不变、简单粗暴干涉的方式来约束孩子，应该突破传统教育的固定模式，家庭教育也需要与时俱进。

生活中，可能很多家长都遇到过这样的情况：孩子一上初中，似乎一夜之间像变了一个人一样，以前哪怕是周末，也吵着让父母带自己去游乐园，和父母一起画沙滩画，和父母一起吃冰激凌……和父母分享一切。可现在，卧室抽屉上了锁，房门上了锁，孩子开始喜欢一个人玩游戏，一个人看电影，有些女孩甚至认为和母亲逛街是一件丢人的事……这些孩子为什么突然变得冷漠、自私？

其实，孩子不愿同父母分享，也并非孩子的问题。处于青春期的他们渴望独立，他们更希望父母能理解自己、支持自己、尊重自己。但作为父母，如果单单认为孩子的这些行为不可理喻或者强行干预等，那么，孩子只会离你越来越远。孩子要的是父母体会与了解他的感觉，许多父母抱怨他们的孩子不跟他们讨论心中的问题，其实孩子会以试探和犹疑的口吻提出问题来，只是这种心意常被父母一贯传统的反应(如训诫、说教、讽刺等)给打消了。

♣ 心理支招：

1.尊重孩子的个性发展，鼓励孩子做自己喜欢做的事

青春期也是危险期，很多父母都担心孩子走错路，例如早恋，染上不

良的习惯，接触社会上的坏孩子等问题。有时候，父母越是干预，越是阻止，孩子越是会义无反顾地去做，这就是叛逆的青春期。

其实，父母应该做的，首先就是相信孩子。你要告诉他：无论你选择什么，爸爸或者妈妈都相信你，但是你也要做出让爸爸妈妈相信你的事情，在保证学习不受影响的情况下，爸爸妈妈允许你交朋友。

2. 学会参与和引导孩子的爱好

有个母亲的做法就很好，她发现自己的女儿很喜欢储蓄，小钱罐里装满了硬币，于是，她就和丈夫商量，每月给女儿一些钱，让女儿管家里的日常开销。女儿在接受了这一任务之后，一下子成了家里的小会计，每天都会因为购买一些日常用品而与父母沟通，父母和女儿的关系也比以前亲密多了。而女儿的学习成绩却并没有因此而受到影响。

可见，若想拉近与青春期孩子的心理距离，让孩子乐于跟父母分享，就应该在平时多留意社会的发展和孩子的想法，注意与孩子沟通，在了解孩子的想法后也多向老师求教，双方配合合理引导，使孩子的个人爱好与他长远的人生目标衔接上，从而共同促进孩子的健康成长。

3. 别总是告诉孩子该怎么做，把主动权交给孩子

有时候，有些孩子不愿与父母分享，是因为父母不是贴心的朋友，因为父母总是以过来人的态度与观点数落孩子。因此，家长不要什么事情都认为自己在理，都认为自己是对的，而孩子永远是错的。其实孩子的成长不是家长告诉他要怎样做，什么样的结果是对的，什么样的结果是错的，而是要在孩子成长的过程中引导孩子。在处理某件事情的过程中，引导孩子去尝试，去钻研，去学习，然后寻找到适合自己的方法和方向。不要一看到孩子出现了误差，马上跑过去告诉孩子：你错了，你应该这样，而不应该那样。长此以往，孩子还有动力，还有心思再去思考，再去摸索吗？

4. 孩子的行为也不可放任自流

和孩子分享他的青春期故事是一件快乐的过程，可是，父母不能什么事情都随了孩子的愿。这样，你以后就无法再控制自己的孩子了。这里

讲到的控制，并不是真正意义上的人身自由的控制，恰当的说法应该是限制。比如孩子夜不归宿这事，家长们就要控制，要告诉孩子，几点前必须回家，这是规定，必须要遵守的，不是开玩笑的。

总之，叛逆心理在青少年身上是全方位地表现出来的。作为父母，要做的不是阻止与干涉，而是去共同体验、引导，这样孩子才会真心接纳你，从而听从你的建议！

"能不能尊重我的隐私？"
——孩子好像一下子多了很多秘密

◎ 父母的烦恼：

小天是一名初二学生，最近他迷上了上网。可能是因为家里最近新买了一台笔记本的缘故，一放学，他跑得比谁都快。回家后，他就钻进房间，打开电脑，有时候妈妈喊吃饭他都不愿意出来，作业到半夜还没做完。妈妈发现了儿子的变化，就留心观察了一下，原来儿子每天晚上会在网上等一个叫"秋水伊人"的女孩子。

为了看看儿子是不是早恋了，妈妈那天早早地下班了，打开了电脑。果然，儿子的聊天记录没有加密，她看到那些聊天内容，才知道原来自己多虑了，这个"秋水伊人"是儿子小学时候的同桌，现在出国了，对国外的生活很不适应，就找儿子倾诉一下。这时，儿子刚好回来，撞见了妈妈在看他的聊天记录，顿时火冒三丈，摔门而走。

几天后，她和丈夫终于在学校附近的一家网吧找到了儿子，她跟儿子道了歉："是妈妈不好，我应该尊重你的隐私权，你跟妈妈回去吧……"

后来，妈妈跟小天定了一份契约：一、互相之间不撒谎；二、说过的话算话；三、不介入个人隐私。后来，小天和妈妈的母子关系一直很好，无话不谈。

生活中，不少青春期孩子的父母总抱怨，孩子为什么好像一下子多了很多隐私。面对孩子的隐私，他们便产生了一些好奇的心理，于是，偷看孩子的聊天记录或者日记成了很多家长做过的事。其实，这样做，只会让孩子对你锁上心门，不再愿意与你沟通。

作为家长，有权利和义务监督和引导孩子上网，孩子有早恋的倾向也应该及时引导，这种引导方式应该正确的，而不是采取侵犯隐私的行为。否则，就会好心办坏事，使孩子们哭笑不得，极度难堪，在不知不觉中伤害了他们的自尊心。

隐私权体现的是人的尊严和价值，是宪法保护的一项基本人格权。未成年人虽然年幼，但同样有其人格尊严和价值，同样不容他人非法侵犯，确立、尊重和保护未成年人隐私权是文明进步的表现。因而，从小培养未成年人的隐私权意识，尊重未成年人的隐私权益，有利于促进其健康人格的养成。

在生活中，很多父母可能认为，孩子的生命都是自己给的，哪里还有什么隐私，因此，提到孩子的隐私问题，都会觉得不以为然。父母认为，看看孩子的聊天记录、手机短信、日记，这都是天经地义的事，其实这是一种不懂法的表现。

事实上，孩子到了青春期后，开始慢慢长大，他们渴望父母能给自己更多的空间，而有些家长总是想控制孩子、管制孩子、设计孩子。适当的控制是必要的，但随着年龄增长，更多的是靠孩子的自觉和自律，而且要给孩子自主的空间，要尊重孩子自主的空间。父母干涉过多，是很多青春期孩子不快乐的原因。"最讨厌的事情就是父母亲偷看我的短信"、"上网聊天也要偷着瞧，一点自由都没有，真烦"……这些恐怕是很多孩子的心声。但家长们却左右为难，"我们不看的话，怎么知道孩子是怎么想的。"如何在家长的知情权与孩子的隐私权之间取得平衡呢？

♣ 心理支招：

1. 用正确的态度看待孩子的隐私

任何人都有一点秘密和隐私，这是不希望被人知道的部分。父母应该知道，孩子心中有秘密存在是很正常和普通的事，这其中包括孩子的如意和不如意、成长经历等，没有什么值得大惊小怪。如果父母换个角度来考虑，假如孩子偷看了父母不愿意让人知道的信件或日记之类的东西，父母的感觉又怎样呢？因此，父母只有把孩子当做一个独立人来看待，保持孩子和自己在人格上是平等的心态，才会尊重孩子的隐私。

以这样的心态，父母就能从容面对孩子那点保留的秘密和隐私了。当发现孩子给书桌上锁时、给电脑设密码时，也就不会草木皆兵、如临大敌了。

2. 重在引导，少干涉

父母侵犯到了孩子的隐私，他们的出发点并不坏，他们担心子女出事，有时也确实是为了更多地了解子女。但是，这种方法是不可取的。对于孩子的某些问题，重在引导，要根据孩子的选择给他自由，不能多加干涉。即使你想了解孩子，并不一定要以窥探孩子隐私、牺牲孩子隐私为代价，而应该把孩子当朋友一样相处，充分尊重孩子的人格与隐私，给孩子一个相对独立的空间，通过平等对话，交流情感，让孩子主动敞开心扉，把内心的秘密告诉父母。

3. 培养孩子对自己的信任感

信任感的建立，是从生活中的一点一滴积累起来的：兑现对孩子的承诺，不能兑现也得说清理由，取得孩子谅解；承诺为孩子保守秘密，一定要守信。同时，家长可以根据孩子年龄的增长不断改变监管的力度和方法。平时多和孩子谈谈心，学会信任孩子，学会尊重孩子，学会理解孩子。

总之，作为父母，要主动改变观念，改变单一管理孩子的方法，不要再把孩子当成你的附属品了，要把孩子当做一个具有完整人格的独立人来平等看待。尊重孩子，从尊重孩子的隐私权开始！

"不知道爸爸妈妈是怎么处理这个问题的？"
——用自己的经历引起孩子的沟通兴致

◎ 父母的烦恼：

刘岚是一名中学教师，每天傍晚，无论还有没有课，她都会等儿子放学，然后一起回家。

这天下午，和平时一样，等到儿子后，她一眼就看出来儿子不大对劲。这个乐天派脸上笼罩着阴云，眉头也皱着。

"怎么了？有什么不开心的事情？"刘岚问。

"体育课烦人！"听到儿子这么说，刘岚大概猜出了大致情况，肯定是体育课太累了。但儿子是体育特长生，如果因为累就这么放弃体育锻炼的话，那么就太可惜了。于是，她准备开导一下儿子。

"今天练习的是跑步？"

"是啊。烦死人了。"

"是不是本来心里就烦啊？"刘岚问。

"嗯。"儿子沉着脸哼了一声。

"要学会淡定嘛！"刘岚开玩笑地说，"而且，凡事你换个角度看，坏事就变成了好事。跟你说个秘密，其实，你妈妈以前在学校，曾被人称为'飞毛腿'呢，不信？一会儿我回去给你拿每次比赛的奖状看看。记得刚上学的时候，我是个病秧子，几乎每个星期都要去医院，但后来，你姥爷就带我去锻炼身体，爬山、跑步，不到半年，我就变成各项全能了。你现在完全有你老妈当年的风范啊！在锻炼的过程中，我也遇到过很多问题，体育锻炼毕竟是体力活，自然不如上网玩游戏、看电视、逛街有意思，但只要我们坚持下来，那么，不仅对身体有益，更会磨炼我们的意志。你说呢，儿子？"

"那倒是，不过我可真没想到，您这个看上去文弱的女教师以前居然是体育全能，真看不出来……"儿子惊讶地看着妈妈。

"走，现在就回家给你看证据……"

这里，我们看到了一个母亲在儿子体育锻炼开始气馁时的一番鼓励性教育。日常生活中，可能很多父母喜欢用说教的方式——"如果你不锻炼，你中考怎么办？""不要放弃，坚持下来！""真是没用，遇到一点问题就退缩！"无疑，对于青春期的孩子，这些说教只能起到反作用，甚至他们完全会拒绝与父母沟通。而如果我们能站在孩子的角度，重述自己的经历，让孩子明白父母当年是怎么做的，那么，他们一定能找到如何解决问题的方式。

的确，为人父母者，也都经历过青春期，也和现在的孩子一样，经历过很多青春期的烦恼和疑惑。孩子希望得到作为过来人的父母的指导，但渴望独立的他们，并不愿意主动请教父母，因为这等于在向父母宣告他们依然不成熟，依然依赖父母。当然，他们更不希望父母以教训的口吻或者说教的方式传授经验。此时，作为父母，一定要选择好一个温和的方式帮助孩子。告诉自己的经历，告诉孩子自己曾经是怎么做的，不仅会让孩子接收到一个正确处理问题的信号，更能拉近你与孩子之间的距离，有利于亲子关系的维护！

♣ 心理支招：

1.孩子无论遇到什么，父母都要先冷静下来

青春期的孩子都是情绪化的，是冲动的，很可能做了一些错事，或者暴躁易怒，但不管孩子如何，父母都不能对孩子发脾气。因为他们是无助的，需要家长的帮助。如果你大发雷霆，孩子还怎样与你沟通？因此，无论遇到什么，父母都要先冷静下来，做到心平气和，然后平息孩子的情绪，再告诉孩子自己曾经是怎么做的。

2.闲暇时，多以自己的经历入题，与孩子畅怀沟通

现实生活中，为什么孩子不愿与父母沟通？这与青春期孩子的独特心理有关，但却也与家长自身有很大的关联——放不下家长架子、说话太过严肃等。那些与青春期孩子相处融洽的父母，都有一个杀手锏，那就是有亲和力、说话温和、甚至偶尔会拿自己开玩笑等。

为此，我们也不妨借鉴一下，多主动与孩子接触，可以向孩子阐述自己在日常生活中遇到的事，比如一些无伤大雅的尴尬事、某些光荣事迹、闹过的笑话、青春期情感经历等。当然，如果孩子觉得你的经历很无趣，就要及时转换话题，以免造成尴尬。

"我也有自己的想法！"
——别总把自己的想法强加给孩子

◎ 父母的烦恼：

赵雨上初中二年级时，学校要举行全校性的语文知识竞赛。赵雨告诉妈妈："老师想让我参加纠正错别字竞赛。"

"这是件很好的事，你去报名了吗？"

"还没有。"

"为什么？是不是没有想好？"妈妈问。

"竞赛时台下会有很多人看，我有点害怕。"赵雨很激动，毕竟这是她第一次参加这种集体性的竞赛活动。

"参加竞赛，可以锻炼锻炼自己。不过这件事你还是自己决定，我只是告诉你我的想法。"妈妈鼓励道。

后来，赵雨自己决定参加这次全校的语文知识竞赛。

每个人有自己独立的人生，孩子也是一样，让孩子自己做抉择，也有

助于强化他的自我意识。赵雨的妈妈是位家庭教育的有心人，她也是明智的。让孩子自己做决定，尽管他会遇到一些挫折，但那些挫折最终和成就一起，会让他感觉到自己的生命是丰富多彩的，"更重要的是，这是自己的。"

青春期的孩子已经开始形成独立自主的性格，他们希望可以按照自己的想法说话、做事，但不少父母却因为害怕孩子走错路而进行压制，这样做，只会让孩子越来越疏远你。

作为家长，在家庭教育的过程中，如果把自己的意愿投射到孩子身上，往往会事与愿违。比如，很多父母为了让孩子出人头地，会让孩子学习各种知识、各种技能。但实际上，这样做，孩子并不会按照父母的意愿好好地学习；更糟糕的是，他们会产生逆反心理，也会对父母封闭内心，导致亲子关系的紧张。

事实上，生活在一个存在多样化并不习见的选择的时代里，任何人必须能够做出有根据、负责任的决定。如果孩子了解自己的偏好，对自己的偏好充满信心，足以顶住外部的压力，并且能够全面考虑自己做出的选择可能给自己及他人带来的后果，他就会做出更加正确的决定。

♣ 心理支招：

因此，在与孩子沟通的过程中，父母不要总是将自己的观点强加给孩子。具体说来，父母需要做到以下几点：

1.鼓励孩子在平时表达自己的想法和感受

一位女孩曾这样自豪地说：

有一次数学课，我用一种简单的方法做出了一道复杂的题目，但是老师并不承认我的做法。当我把这件事情告诉爸爸时，爸爸对我说："女儿，你是对的！"后来，在我的成长中，经常会遇到类似的情况，都是爸爸的那次鼓励给了我继续说下去的勇气！

2.让孩子根据自己的兴趣选择

父母在帮助孩子做选择时，一定要考虑孩子的兴趣，兴趣是最好的老师。父母可以给孩子一定的建议，但不能替孩子拿主意。比如，有的孩子喜欢看科幻小说或漫画，而如果你非让他看科普读物的话，孩子只会越来越排斥看书。

3.体谅孩子的情绪和思维，而不是嘲笑

可能在你看来，孩子是幼稚的，他的想法不可思议，但你千万不能嘲笑他，也不要以自己的思维来要求孩子，你要允许孩子把自己的观点表达出来。当孩子主动和你谈起他对某件事情的感受和想法时，不要不耐烦地敷衍了事，而应该跟孩子一起聊聊。

4.要善于称赞孩子

当孩子努力去做了，或做得很好时，家长要立即予以称赞和鼓励，以调动孩子的积极性，增强孩子的自尊心和自信心。这种称赞尽量不要以实物的形式，比如给孩子买玩具，买好吃的东西等，因为这样容易刺激孩子的虚荣心，时间久了，反而会阻碍孩子的健康成长。

总之，身为青春期孩子的父母，必须认识到，即使他是你的孩子，但同时也是独立的人，也有自己的个性。如果总是把自己的想法强加给孩子，那么，你就无法真正了解孩子的兴趣、爱好、特长在哪里，也会限制孩子的成长。父母不应该把自己的价值观强加给孩子，而是应该学会从孩子的角度看问题。

"我要自由！"——给孩子一块属于自己的"领地"

◎父母的烦恼：

菲菲出生在书香门第，从小受家庭氛围的熏陶，知书识礼，乖巧伶俐。父母视她为掌上明珠，百般呵护。但菲菲的家教很严，爸爸妈妈经常搬出"女儿经"，谆谆教导女儿不许这样，不许那样。在十几岁以前，菲菲也一直是个很听话的乖女孩。

进入初中以后，随着学习和生活环境的变化，父母的管教让她觉得很烦躁，她甚至觉得家就像个牢笼一样，她甚至害怕回家。

一次，天都黑了，菲菲的父母发现女儿还没回家，问了所有同学都没有菲菲的消息，他们只好自己找，结果却发现菲菲一个人坐在学校的操场上发呆。他们纳闷了：女儿到底是怎么了？

这里，菲菲为什么不想回家？因为家对于她来说就是束缚。事实上，生活中，每个人都需要自由，孩子也是一样。如果父母束缚住孩子的手脚，让孩子不许做这个，不许做那个，对孩子大包大揽，那么，孩子会感到窒息，他的一些优良的个性、心理、品质也会被压抑。而随着孩子慢慢长大，当她进入青春期，自主意识也越来越明显，对于无法呼吸的成长环境，她一定会反抗，那么，亲子关系势必会变得紧张起来。我们先来看下面一个故事：

每个青春期的孩子最渴望的就是希望得到父母的理解，于是，他们举着"理解万岁"的大旗高呼"父母不理解我"。每个孩子都希望生活在一个民主型的、和睦的家庭中，这样的家庭才会给自己一个温暖的归属港湾。当家庭不和睦时，孩子就会"有被抛弃感和愤怒感，并有可能变得抑郁，敌对，富于破坏性……还常常使得他们对学校作业和社会生活不感兴趣"。

可见，任何一个孩子，都希望得到父母的认可和尊重，希望父母承认自己已经长大，能够处理一些自己的事情，需要更多的空间。而更多时候，家长往往把他们仍当做未成年人，所以对他们仍抱有一定的不信任态度。有些孩子一旦发现，便会觉得自己被父母轻视、小看了。这往往打击他们的积极性，使他们也对长辈产生半敌视心态。

作为父母，要记住，孩子也是独立的个体，而不是你的私有财产。

那么，怎样才能给孩子提供一个足够自由的空间呢？

♣ 心理支招：

1. 尊重孩子的需要，让孩子自由探索

孩子的世界和成人的世界是不同的，对于成长道路上看到的很多事物，他都会感到新奇，都有想探索的欲望，这也是孩子在成长过程中的一种本能的需要。对此，父母应该尊重，让孩子自由探索，这样，他才有更多的生活的体验，才能成长得更快。而假如父母剥夺了孩子的这种权利，那么，他就体验不到这种乐趣，也会变得越米越没有自信。

2. 不要过度保护孩子

孩子的成长过程虽然是充满恐惧的、颤颤巍巍的，但也是充满乐趣的。他们会摔跤，但作为父母，不能扶着孩子走。因此，如果孩子想尝试，你就应该鼓励孩子，让孩子有尝试的勇气，而不是这样说："算了，多危险，不要做了。""小心点，你会伤害自己的！""你不能做这个，太危险了！"这样，孩子即使想尝试，也会被你的提醒吓退的。

3. 尊重孩子的天性，让孩子决定自己的未来

所有的父母都希望孩子长大后能有出息，但并不是所有的父母都能做到不干涉孩子选择人生。他们在为孩子设计未来时，多半不会考虑到孩子的天性、优点等，而是按照自己的意愿。这样的教育模式下培养出来的孩子是很难有突出的个性品质的，也多半是不快乐的。

4. 在情况允许的情况下，让孩子自由支配时间

孩子虽小，但父母也应该尊重他，让他有一些自己独立支配的时间，比如，晚上空余时间，孩子想睡觉还是看书等，父母不要干涉。

总之，孩子的成长需要自由的空间。自由就好像空气一样，在孩子成长的过程中，没有自由，他是无法健康、快乐地成长的。因此，要想使孩子成长得更快，父母就要给孩子提供足够的自由空间，而不要限制孩子的自由，从而使孩子生活在一个小小的"鱼缸"中。

"为什么不问问我？"——给孩子发表意见的机会

◎ 父母的烦恼：

这天，儿子放学回家，进门就嚷："妈，从明天开始，我不去学校了，你别劝我!"

如果平时孩子的爸爸在家，一定会严厉地训斥他。但妈妈却是个温和的人，她知道儿子肯定是受了什么委屈。

"为什么不去呢？"

"没什么，感觉不大舒服。"

"不舒服，哪里不舒服？怎么不早点请假回来呢？"

"不想耽误学习啊，你别问了，反正我不去。"其实，妈妈是聪明的，儿子说话这么有力气，怎么会身体不舒服，一定另有隐情。

"可是，今天不舒服，明天不一定不舒服啊。要不，妈妈带你去医院吧。"妈妈在说这话的时候，故意露出一点笑容。儿子明白，妈妈看出端倪了。于是，他只好说："妈，你儿子是不是很没用啊？"

"怎么这么说，我儿子一直是最棒的，有最棒的体格，最棒的学习接受能力，待人温和，还疼妈妈。"

听到妈妈这么说，儿子笑了，主动招出了今天遇到的事："妈，今天老师叫我们写一篇作文，我拼错了一个字，老师就嘲笑了我一番，结果同学们都笑我，真没面子!"

此时，妈妈没有说话，只是搂着伤心的儿子。儿子沉默了几分钟，从妈妈怀中站了起来，平静地说："谢谢你听我说这些事，我要去公园了，同学们还等着我呢。"

从这个故事中，我们看到一对母子间的和谐关系。可见，懂得和孩子沟通的父母，绝不会不给孩子说话的机会。

任何父母，都希望孩子把自己当朋友，对自己倾吐成长中的烦恼与快乐。然而，孩子越大越难与他们沟通？这是很多父母共同的感受。这是由什么造成的呢？其实，孩子也想对父母说实话，只是很多父母总是端着家长的架子，甚至压制孩子的想法，孩子又怎么愿意与你沟通呢？因此，聪明的父母都会引导孩子发表自己的意见，让孩子畅所欲言。

其实，不仅是青春期，孩子自从出生，就有要发表意见的要求，比如用手去触摸自己喜欢的东西，不喜欢有些长辈抱自己时，就大声哭闹。对于此时孩子的这些行为，父母一一接受了。可是随着年龄的增长，父母为什么又把这种自主权搁浅了呢？压制孩子发表意见，就是压制孩子的主见，这对孩子的成长是极为不利的，会让青春期的孩子关上自己的心门，不愿与父母交流。

其实，孩子要求发表意见、要求自主的意识是随着年龄的增长越来越强烈的，父母要给予孩子的是尊重，给他发表意见的机会，而不能压制。

♣ 心理支招：

1. 不要压制孩子的想法

即使孩子的看法与父母不同，也要允许孩子有自己的想法。父母应考虑到孩子的理解能力，举出适当的事例来支持自己的观点，并详细地分析双方的意见。父母不压制孩子的思想，尊重孩子的感觉，孩子自然会敬重父母。

2. 支持孩子在小事上自己拿主意

当冉冉几次不肯睡觉时，妈妈对她说："冉冉，我相信你一定能管好自己的，因为你明天7点要起床，所以，你自己会在9点前上床睡觉，我相信你会自己注意时间。"果然，冉冉听话多了。

其实，家长可以支持孩子自己管理自己，并提醒他界限何在。当孩子做选择时，他觉得自己的确享有主导权，这一点会令他开心。

3. 父母保持适当的权威

许多家长也许在自己的孩童时期，所接受的教养方式是极端权威的，父母说一，他们决不敢说二，所以，他们从未享受发表自己意见的权利。于是，他们把这种教育方式传达给了孩子。如果孩子所争取的是自己的自主权，而不是对父母或其他人的管理权，那么他的要求就没什么不对。父母应将大人的权力保留在适当范围内，别将它过分延伸到孩子身上。同时，也要让孩子尊重父母的权威。父母要尊重孩子的权力发展，同时也要坚持对孩子有利的一些原则。

孩子从襁褓时期对父母完全的依赖，到发展自我意识、建立自信、试验探索，终于长大成一个独立的成人，这都需要主见的培养。要想孩子有主见，父母可以遇事问他的看法和想法，不管是学校的事还是家里的事，或者是报纸上登的事，或者是路上看到的事，包括爱吃什么，爱穿什么，爱玩什么都要问孩子的意见。这样，孩子能感受到被尊重，那么，孩子不但学会了独自思考，还能拉近亲子间的关系，让孩子对父母敞开心扉。

第③章
心理调适期，父母要深切关心孩子的心理状态

现代社会，很多青春期孩子都成长于被父母和长辈呵护的家庭环境中，他们被父母宠着、惯着，从而造成了他们的一些"心理问题"，诸如自私、冷漠、小气、有依赖心理、盲目攀比等。很明显，这样的青少年是很难成长为一个健康、快乐的人的，也是不受人欢迎的。因此，作为父母，如果你的孩子也是如此，那么，从现在起，你就应该留心注意孩子的行为，并帮助其做好心理调适，进而把孩子历练成一个快乐、阳光、积极、坚强的人。

孩子的孤独心理——轻轻叩开孩子的心门

◎ 父母的烦恼：

张女士是一名公务员，在单位颇有业绩的她也对女儿寄予厚望，希望女儿能按照自己的想法规划人生。女儿一直也是大家公认的乖乖女，但不知从什么时候起，女儿好像变得孤僻了，再也不愿和自己包括周围的长辈们说话了。

最近一段时间，张女士还发现，女儿的书包里好像多了一本日记，难道女儿有什么秘密？不会是交了男朋友吧？怀着强烈的好奇心，一个周末，张女士趁女儿不在家，看了日记，令张女士意外的是，女儿并没有什么秘密，日记的内容只不过是学习压力的倾诉以及与好朋友相处的过程中遇到的问题。

看到这些，张女士悬着的心终于放下了。但从这件事之后，细心的女儿居然给日记本上了锁，这让张女士又产生了很多疑问。

案例中的张女士的教育方法很明显不恰当，只会引起孩子的反感。有时候，孩子写日记，并不是因为孩子有什么见不得人的秘密，只是他们需要找一个倾诉的对象。这是因为青春期的孩子都有孤独心理。

青春期的孩子似乎永远都把日记本当做自己送给自己的第一份青春期的礼物。那么，他们为什么喜欢写日记呢？

孩子一到青春期，随着身体上的发育，他们在心理上也产生种种变化。他们对于以前父母灌输给自己的种种思想也产生质疑，甚至不再相信成人。因此，他们觉得孤独，需要一个倾诉的对象。此时，他们会选择一个完全属于自己、父母不会干涉的空间，并将属于自己的心情、小秘密都倾诉出来。于是，他们会锁上房门，打开自己的日记本，将一天来遇到的快乐的、不快的、激动的、气愤的、伤心的事情都写下来。当写完起身时，他们发现心情平复了，感觉也好多了。虽然可能问题还是存在，事情未有转机，但他们已经把极端的情绪从体内部分地转移到了日记本上，心里轻松了许多。

作为父母，除了要保护孩子的日记外，还要找到与孩子的沟通方法，只有这样，才能让孩子对你敞开心扉。

♣ 心理支招：

1. 了解青春期孩子身心发展的特殊性

的确，处于青春期的孩子，他们身心发展迅速且不平衡，很容易出现各种问题，也包括变得孤僻。对此，家长不必焦虑，而应该调整心态，以平常心对待，否则会影响亲子关系。

2. 改变以往的教养方式

父母不再以对待小孩子的方式对待正在向成人转化的孩子，对孩子要有尊重的意识。孩子是一个独立的个体，不能以自己的想法代替孩子的想法，要学会倾听孩子的心声，而不是一味的管教。这样才能化解孩子的对立情绪，从而愿意把心里话说出来。

3. "蹲下来看孩子"

理解孩子就要学会和孩子沟通。怎样沟通？就是"融进去，渗出来。"来看下面的故事：

有一位国王的儿子生了一种怪病，认为自己是公鸡。别人与他讲话他就学鸡叫。有一个人找到国王说能治好王子的病。他一看到王子，就钻到案子底下学鸡叫，两人一下子通了，在一起玩、吃、住，慢慢两个人感情变深了。突然有一天，这个人说："我要变成人了。"王子也说："我也要变成人了。"

这个寓言故事很好地阐述了"蹲下来看孩子"的教育理念。也就是说，蹲下来，你才能看到和孩子眼里一样的世界，就更容易理解孩子看到了什么，在想些什么。只有这样，才可以达到有效的沟通。

4.尝试与孩子建立起"朋友式"的新型关系

当孩子进入青春期后，便产生一系列独立自主的表现：他们要求和成人建立一种不同以往的朋友式的新型关系，迫切要求老师和家长尊重和理解自己。如果家长和老师还把他们作为"小孩"而加以监护、奖惩，无视他们的兴趣、爱好，他们可能会抱怨，甚至产生抗拒的心理。一般来说，初中生便开始疏远父母而更乐于和同龄人交往，寻找志趣相投的伙伴。他们的交往范围也不断扩大，先在班级中而后可能发展到班外甚至校外。

因此，父母不要再把他们当做"小孩子"来对待，要放手让他们独立处理一些事情，尊重他们的意见，信任他们，主动和孩子商量家中的一些事情，满足他们的正当要求。这样，他们便同样以朋友的身份与你沟通了！

孩子盲目追求与攀比——别让虚荣心阻碍孩子的成长

◎ 父母的烦恼：

12岁的米米长得很漂亮，弹得一手好钢琴，是个人见人爱的女孩。但是，她也是个十分"奢侈"的孩子，穿的衣服不是"耐克"就是"阿迪达斯"，总而言之，从头到脚都是名牌。有些时候给父母她买来不是名牌的衣服，不管多好看，她都一概不穿，还为此哭闹了很多次。

父母对她这点也十分头疼，实在不明白为什么孩子这么小就如此热衷于名牌。而米米的理由就是："让我穿这些，我怎么出去见人啊？我的同学都穿名牌，我要是没有，人家会笑话我的。我不穿，要不我就不去上学。"

不仅如此，米米还"逼"着爸爸给她买手机和高档自行车，原因也是"同学都有"。

其实，米米不是一个特例，这已经成了青春期孩子中的一个普遍现象。尤其对于那些家庭经济优越的孩子，他们从小就穿名牌衣服，吃优质食品，玩高档玩具，于是，进入青春期后，便学会了互相攀比。

可能很多父母都遇到过这样的问题：孩子小小年纪就虚荣心作祟，盲目追求与攀比。虽然虚荣心是一种常见的心态，尤其对于青春期的孩子，他们开始有了自己的独立意识，开始看重面子，渴望被关注，但一旦形成虚荣心，对孩子的成长具有很大的妨碍作用。最重要的是，孩子爱虚荣，有碍真正的进步，甚至会形成嫉妒成性、冷酷无情的性格。

很多父母都这样抱怨过：

"我女儿最近总是说'我想买台笔记本，我们班同学谁还在用台式的啊？'"。

"我儿子常常对我提出这样的要求：'我们班同学穿的篮球鞋不是阿迪达斯就是耐克的，就我还穿那种地摊货，太丢人了。我也要买双名牌鞋。'"

"其实，我也知道，现在的孩子有攀比心理，但问题是我们家的经济条件真的不怎么好，我们满足不了他。每次孩子提出要求，我都很为难。请问，有什么方法可以既不伤害孩子的自尊，又能消除她的攀比心理？"

"现在的孩子怎么了，做父母的真不容易啊，为他们提供这么好的学习环境，怎么还要求这要求那的呢？"

的确，很多父母产生了这样的疑问：该怎样正确地引导孩子，让孩子把精力放在学习上呢？

其实，很多时候，孩子的虚荣心和家庭以及父母的教育有很大的关系。现在，许多父母溺爱自己的孩子，认为只有一个孩子，又有经济承受能力，所以舍得买高档玩具、流行服装。有些父母不注意孩子的修养和教育，喜欢在吃穿打扮、玩具图书等方面与他人攀比，甚至给孩子大把零花钱以显示自己的富有和与众不同。他们总喜欢讲自己孩子的优点，甚至在亲朋之间也炫耀自己的孩子，亲朋为了礼貌也都讲孩子的优点，孩子在生活中一直听到的都是一片赞扬声，很少有人讲孩子的缺点。父母对孩子一味"吹高""捧高"，让孩子在一片赞扬声中长大，从不受任何挫折，这样也就慢慢形成孩子的虚荣心。

不能否定的是，攀比是很正常的心态，每个人都或多或少有攀比心，包括成人。有时候这种心态的存在可以促使人去努力、去奋斗，从一定意义上说，攀比心是促使人前进的动力，良性的攀比能使人奋发。但作为孩子，如果不经父母的帮助和指点，很容易盲目攀比而误入歧途。因此，父母要引导孩子，不要让孩子在物质上比，而是要比学习，比品德，比对集体的奉献，比各自的理想，比自己的特长，在这样一种良性的竞争中，孩子才会健康地成长！

♣ 心理支招：

具体说来，父母可以从以下几个方面来纠正孩子的虚荣心：

1. 榜样示范

父母应该从自身做起，不盲目追求名牌，不乱花钱，注重精神修养，给孩子树立一个好榜样。

2. 帮助孩子认识真正意义上的美

父母可以通过身边的事或者通过说故事、看教育电影等方式，让孩子明白，真正的美来自心灵，而不是外表，从而让孩子认识到只要有良好的品德就很美。

3. 少表扬

当孩子取得了很好的成绩时，尽量不要当着很多人的面夸奖，这样容易让孩子养成虚荣心。

4. 高要求

如果孩子很聪明，在做事情上表现得比同龄人优秀，那么，父母就要交给他有一定难度的任务，使他感到自己能力不足，认识到自己还需要指导。

5. 进行受挫折训练，教孩子学会调节情绪，经受失败的考验是很必要的

另外，最重要的一点，在家庭生活中，即使你的孩子是独生子女，也

不要整天围着孩子转，否则，他会认为自己是家庭的"中心人物"。即使你的家庭经济条件很好，也不要放纵他的消费欲，而应该帮助他养成有计划、有目的的消费习惯。

孩子的嫉妒心理——别让嫉妒焚伤孩子的心

◎ 父母的烦恼：

这天，在某小区门口，两个中年妇女在讨论自己的孩子："现在的孩子，怎么小小年纪就有嫉妒心呢？对门张姐的女儿成绩好，我无意中夸了一句，女儿就愤愤不平地说：'老师包庇她。'开始我也没当回事。期末考试前，那女孩的几张复习的试卷丢了，就来我们家，向我女儿借去复印，女儿一口咬定卷子借给表妹了。可是女儿根本就没有表妹，而且，那天晚上，我看见女儿的书桌上竟然有两份复习试卷。很明显，那女孩的试卷是被女儿偷了。我当时真是六神无主了，女儿怎么会这样呢？我意识到问题的严重性，焦虑万分，因为任何思想成熟的人都明白，嫉妒是思想的暴君，灵魂的顽疾。我想帮助女儿改掉嫉妒的陋习，可我真不知道怎么办？"

的确，对于青春期的孩子来说，他们已经有了升学的压力，开始明白了竞争的重要性，同时，也会不自觉地常常喜欢与他人作比较。但当发现自己在才能、体貌或家庭条件等方面不如别人时，就会产生一种羡慕、崇拜、奋力追赶的心情，这是上进心的表现。但同时，因为青春期心理发展尚未成熟，对自己各方面能力还认识不足，遇上比自己能力强的人时就会感到不安，就很容易产生嫉妒心理。嫉妒是对才能、成就、地位以及条件和机遇等方面比自己好的人，产生的一种怨恨和愤怒相交强织的复合情绪，即通常所说的"红眼病"。

我们都知道，生活于一定群体的人，往往会不自觉地与周围的人进行比较，比较就有差异，于是，人们很容易产生嫉妒心理。美国著名心理学家布鲁纳曾经指出，好胜的内驱力可以激发人的成就欲望。但如果不能正确地认识竞争，就会导致人们在相互的竞争中产生嫉妒心理。嫉妒过于强烈，任其发展，则会形成一种扭曲的心理：心胸狭窄，喜欢看到别人不如自己，并喜欢通过排挤他人来取得成功。

青春期是个需要朋友的年纪，青春期的孩子也慢慢成为一个社会人，青春期是个为友谊劳心劳力的年纪。每个孩子都有几个朋友，但似乎这些孩子间都有一个威胁友谊的最大的杀手——嫉妒，因为在同龄的孩子之间，往往免不了竞争。因此，很多孩子在面对比自己优秀、比自己成功的朋友时，就会产生心理不能平衡。"和她做朋友，感觉自己像个小丑一样，简直是她的附属品"，这种心理很多孩子都有过。

作为孩子的第一任老师，父母在培养孩子健康的竞争心态上起着极为重要的作用。在培养孩子竞争意识的过程中，也应让孩子明白，竞争不应是狭隘的、自私的，竞争应具有广阔的胸怀；竞争不应是阴险和狡诈，暗中算计人，而应是齐头并进，以实力超越；竞争不排除协作，没有良好的协作精神和集体信念，单枪匹马的强者是孤独的，也是不易成功的。

♣ 心理支招：

1. 引导孩子发现别人的长处和不足

如果孩子能以这样的心态面对比自己优秀的朋友或者同学，不仅能学会用客观的眼光看自己和对方，也能弥补自己的不足。这样，孩子就不至于为一点小事钻牛角尖，还能交到帮助自己成长的真正朋友。

2. 教育孩子在竞争中要学会宽容

生活中，有一些孩子，他们在竞争中失败了，就会表现得不高兴、闷闷不乐，甚至憎恨胜利者，嫉妒胜利者，甚至不与胜利者交往，并在其背后说坏话等。孩子有这一表现，证明他们还未能以健康、积极的心态面对得失。对此，父母在培养孩子竞争意识的同时，提高孩子的竞争道德水平，教育孩子要学会以广阔的胸襟面对竞争中的得失，并让孩子明白竞争不应该是狭隘的、自私的，而是宽容的、大度的。

3. 教孩子在竞争中合作

竞争愈是激烈，合作意识就愈是重要。因为个人的力量总是渺小的，很多事情需要父母清醒地认识到：创造发展这个世界不仅有竞争，还要有合作，要培养孩子在竞争中合作。唯有竞争没有合作只能造成孤立，带来同学关系的紧张，给自己平添许多烦恼，对生活和事业都非常不利。

比如，你可以告诉孩子："这次比足球赛中，××队的确赢了，但你发现没，他们这个团合作得非常好。实际上，你所在的团队每个队员都有各自非常好的优势，但却有个缺点，那就是你们好像都只顾自己，这是团队赛中最忌讳的。"

总之，作为父母，培养孩子的竞争能力，就要让孩子明白：只有与嫉妒告别的人，才有可能获得最后竞争的胜利，取得优秀业绩。妒忌心理是人与人相处、人与人竞争中存在的一种阴暗心理，对孩子来说，危害性很大。因此，父母在培养孩子的竞争意识的同时，更要注意培养孩子的竞争美德。

孩子的烦躁心理——别让压力压垮孩子

◎ 父母的烦恼：

近日，张女士带着自己的女儿来到上海一家心理诊所。张女士说，女儿名叫熙熙，在上海某重点中学读初三，学习成绩一直名列班级前茅，这一直让学校老师和父母感到很欣慰。但随着中考的临近，熙熙在情绪上发生了很大的波动，突然觉得心情紧张、抑郁，有种莫名的烦躁令她经常发脾气，甚至产生了厌学的念头。同时熙熙的身体也出现了一系列异常，她感到无精打采，周身乏力，小腹坠痛，出现了月经紊乱。熙熙的这些奇怪的症状让张女士认识到问题的严重性，只好求助心理医生。

针对熙熙的问题，心理医生说，性情烦躁、动辄发脾气其实是因为压力大无处宣泄。实际上，熙熙的情况在青春期的孩子中很常见。

孩子到了青春期，除了要承受身体发育带来的烦恼外，还必须面临残酷的升学竞争。而现在的父母对孩子往往寄予厚望，等于无形中给孩子很大的压力，容易造成孩子身心负担过重，继而产生厌学情绪；加之有的学校为了提高学生成绩，孩子每天的学习时间长达十几个小时，正常的饮食、休息得不到保障，久而久之易造成孩子营养缺乏，过于疲惫，精神萎靡，体内正常的生物节律被打乱，使内分泌失调，继而出现烦躁不安、月经失调等一系列症状。因此，心理医生建议，父母应根据孩子的具体情况，科学合理地安排孩子一日生活的作息时间，以一颗平常心看待成绩。

因此，父母在和孩子交流、沟通的时候，一定要先理解孩子烦躁的原因，接纳孩子的情绪，同时也要确定恰当的引导、教育方法，帮助孩子正确认识认知、信念在情绪产生中的决定性作用，使孩子树立起主宰自我情绪、摆脱情绪困扰的信心。总之，帮助孩子缓解学习压力，既要治标，也要治本。

♣ 心理支招：

1. 转变教育观念与思想，消除孩子学习上的"压力源"

在这里最重要的是破除"成功唯有上大学一条路"的思想，要认真思考孩子的兴趣爱好，和孩子一起精心设计他的成材之路。对于学习确实存在障碍的孩子，要在科学分析的基础上敢于另辟蹊径。

2. 帮孩子树立正确的学习动机

学习动机是孩子学习的根本动力，只有随着年龄的增长，不断地明确认识到学习目的中社会性意义的内容，孩子的学习才会有持久的动力。

一些父母爱用"将来没饭吃"、"不读书一辈子干苦力"等话数落孩子，既没有给孩子讲道理，又没有直接激发孩子的具体实例，往往不起任何作用。

其实，兴趣才是最好的老师，孩子的学习也是如此。只有让孩子真的爱上学习，他们才能化压力为动力。因此父母要注意经常鼓励孩子，激发他的兴趣，并潜移默化地向他灌输社会性理想，帮助他将目光投向社会、世界和未来。

3. 帮助孩子养成良好的学习习惯

学习压力大的问题多半出现在那些学习困难、成绩不理想的孩子身上，而这不是因为孩子的智力问题，而是没有养成良好的学习习惯，例如上课不认真听讲、注意力不集中、缺乏耐力和持久性、做事敷衍了事不认真，等等。

因此，父母要注意从小培养孩子良好的心理素质，用日常生活、游戏、习作等方式有意识地训练孩子的注意力、认真态度、较长时间专注一件事的习惯和严谨的为人处世态度。

4. 切实帮助孩子解决学习上的问题

很多父母关心孩子的学习情况，只把眼光放在孩子的成绩上，而没有认识到孩子有时候也需要父母在学习上的辅导与帮助。有的孩子因为某一个问题没弄明白，一步没跟上步步跟不上，渐渐失去了学习的信心和兴趣。所以父母真正关心孩子，就要注意他是否跟上学习进度。父母最好每周都和孩子一起总结一次，发现哪里出现了问题就要及时补上；有的时候，还要请专门的老师给以专题辅导。孩子在学习上的困难得以解决，学习兴趣必然能够得到提高。

5. 教会孩子化解心理压力

这里，有几下几种化解心理压力的方法：

（1）哭泣法：内心郁闷时，想哭就哭。曾有个关于哭泣的心理学实验：在全部的被测试者中，有87%血压正常的人称，自己偶尔哭泣过；而剩下那些血压偏高甚至是高血压患者则称自己从不哭泣。很明显，哭泣是一种有效宣泄内心不良情绪的良好方法。

（2）心理暗示法：比如，你可以告诉孩子在面临巨大心理压力时这样想象，"天气很好，我和爸爸妈妈躺在公园的草坪上。""湖面很平静，岸边的柳树随风摇曳着它的身姿。"等，都可以在短时间内达到放松、休息，恢复精力的效果。

（3）分解法：让孩子把在生活中遇到的各种压力与困难都罗列出来，并把它们编号。当在纸上把压力与困难一个个写出来的时候，孩子会发现，只要把它们一个个解决，其实也没什么大不了的。

当然，对于学习压力过大，已经明显表现出病态心理和行为的孩子，要积极求教于心理咨询和治疗机构，在专业人员的指导下对孩子予以科学的辅导，逐步帮助孩子及时得到积极矫治。

缓解孩子的学习压力是个社会性问题，需要全社会的共同努力，但是做父母的负有最直接的责任。为了孩子的健康成长，每一个家长都要格外精心和努力。

孩子的胆怯心理——如何培养勇敢、自信的孩子

◎ 父母的烦恼：

最近，上海市要举办一个青少年钢琴大赛。邱女士听到这个消息后，就给女儿报了名，她相信，女儿一定能拿到奖项，因为女儿一直是学校最好的文艺生。但奇怪的是，就在比赛即将开始的前一天晚上，女儿对邱女士说："妈妈，我不想参加了。"

"为什么？"

"因为我知道我肯定会让你丢脸，还不如不参加。"

"你怎么这么不自信？"邱女士有点生气了。

"因为你经常说我没用，如果这次没拿奖，你肯定又会这么说。"听完女儿的话，邱女士若有所思，难道都是我的错？

很多人会问："对人一生产生影响力的因素中，谁的作用最大？"毋庸置疑一定是父母。这个案例再次证明了这一点：邱女士经常否定性的暗示让女儿认为自己"一定做不到"。一部美国情感纪录片显示，一位父亲无意中的一句话，不仅影响了其女儿在青春期的审美观形成，还直接影响其婚姻质量。上海青少年心理研究所专家支招：无论是表扬还是批评，父母一定要选择得当的话语，其作用可能真的影响孩子一辈子。

同样，对于有些青春期的孩子，他们会不自信、胆怯甚至自我否定，可以说，都和家庭教育有一定的关联。常常听到父母说："你看某某的学习多么自觉，从来不要父母操心的，你为什么就这么让人不省心。我想了好多办法，花了大价钱请了家教，你的成绩怎么还是上不去？"亲子关系研究者认为，即便是出于事实的抱怨，父母的态度会让孩子相当敏感。久而久之，他们便会认为自己"真的没用"，或者变得消极、胆怯等。

有少数孩子能在打击中越挫越勇，最后建立优秀品质。大部分孩子可能都达不到父母的期望，如果长期接受父母未过滤、筛选的直白抱怨，尤其是针对自己的这些消极评价，对于培养他们的自信心和自尊心是非常不利的。

一位心理医生非常痛心地讲述他碰到的现象："很多父母为了孩子的问题来找我，当他们绘声绘色地描述着孩子的不良行为时，孩子就站在旁边听着！"这就是很多孩子不自信的原因所在，父母也许可以尝试一下，别时刻摆出一副居高临下的姿态嘲笑或教训孩子，不要小看这些，自信的基石就是这样奠定的。

那么，作为父母，该如何帮助青春期的孩子正确认识自我、树立自信、变得勇敢积极呢？

♣ 心理支招：

1. 不要总是否定孩子

绝对不能对孩子使用的措辞：

"你为什么就不能够像谁谁。"孩子被对比，很可能增加他们本能的敌对情绪，甚至耿耿于怀。

"你真不懂事。"原本孩子做事就缺乏信心，这样的话更易刺伤他们，以后只会越做越糟。

"你真笨。"这绝对是最伤孩子的话，自卑、孤僻、抑郁、堕落都可能因此话而出现。

……

2. 批评孩子，也不能全盘否定

"你平时的作文写得还不错，可这次的作文却不怎么好。""如果你再写上几篇这么糟糕的作文，你的语文就别想得到'良'。"虽然这两个批评所表达的意思是一样的，但前者却比后者易于被人接受。

当孩子缺乏信心或失去信心时，父母可以适时对他说"嗯！做得不错。"或"想必你已用心去做了！"等表示支持的慰语，就是所谓前段的"感化"，最后再鼓励他："如果能再稍微注意一点，相信下次可以做得更好。"这种积极有建设性的检讨态度，才能使孩子不断进步，更加有自信心去与父母沟通问题，重要的是目标具体明确。

3. 帮助孩子找到长处

父母应该永远是孩子的坚强后盾，当孩子遭受失败时，父母有责任鼓励他，教会他怎么应付困难。告诉孩子，任何人都有长处和短处；只知道自己的短处而不懂发挥长处是极其不利的。

有些孩子有音乐天赋，有些孩子会绘画，有些孩子能言善辩等，干什么并不重要，重要的是如果孩子喜欢，不妨鼓励他发展，谁说爱好不能成为技能呢？为什么这些会重要？因为专注或擅长一件事情能帮助孩子建立自信。

自信对于孩子智力发展影响很大，可是很多孩子在一刀切的教育模式下，在人生刚刚起步的阶段，就已经丧失了自信心。因此，作为父母，一定要引起重视，帮助孩子重建信心，正视自己，如此孩子的智力与自信心才能健康成长。

孩子的紧张心理——告诉孩子凡事轻松面对

◎ 父母的烦恼：

玲玲是个打小就爱笑的女孩，现在的她已经上初三了。尽管中考将近了，但她似乎一点也不紧张，每天还是笑容满面的。事实上，玲玲的学习成绩并不是很好，一直在中游徘徊，从小学开始就这样，但也不知道为什么，一到大考，她好像总比平时发挥得好，当同学们问她怎么做到的时，她的回答是："因为我相信我自己能考好，没什么可担心的。"

那么，玲玲为什么这样淡然。玲玲说："曾经我也是个自卑的女孩，但妈妈告诉我，'你长得不比别的女孩差，成绩也不是很差，有必要哭丧着个脸吗？'"在妈妈的鼓励下，玲玲也越来越自信起来。

中考很快来了，这天，当大家都忧心忡忡地进考场时，玲玲还是和平时一样笑着。成绩出来后，不出大家所料，玲玲顺利考入了该市的一所重点高中。

故事中的主人公玲玲为什么运气那么好、逢大考必过？这与她的轻松心态不无关系，而这也来源于其母亲的鼓励。

每个人的一生，总会遇到一些可能让我们心情紧张的事，比如，当众演讲、表演、面试等，我们常常会因为这些小事而坐立不安。而实际上，问题的好坏还在于我们看待它们的心态。如果我们用轻松的心态面对，那么，结局往往是利于我们的；越是紧张，可能情况就越糟。

对于青春期的孩子而言，他们面临着逐渐繁重的课业负担和考试科目，再加上身体上的变化，他们很容易产生紧张的心理。此时，作为父母，只有鼓励并帮助孩子，使其修炼出泰山压于前而面不改色的淡定心态，这样才能以最佳的状态去解决问题。

♣ 心理支招：

事实上，作为过来人的父母也清楚，很多时候在孩子看来很严重的问题，其实并没有那么糟糕，只要孩子能换个角度和心情去看待，就能看到另外一片风景。

当孩子出现紧张心理时，父母可以帮助孩子掌握以下调适方法：

1. 告诉孩子应坦然面对和接受自己的紧张

父母应告诉孩子："紧张是正常的，很多人在某种情境下可能比你更紧张。不要与这种不安的情绪对抗，而是体验它、接受它。要训练自己像局外人一样观察你害怕的心理，注意不要陷入到里边去，不要让这种情绪完全控制住你：'如果我感到紧张，那我确实就是紧张，但是我不能因为紧张而无所作为。'此刻你甚至可以选择和你的紧张心理对话，问自己为什么这样紧张，自己所担心的可能最坏的结果是怎样的，这样你就做到了正视并接受这种紧张的情绪，坦然从容地应对，有条不紊地做自己的该做的事情。"

2. 教孩子学做一些放松身心的活动

具体做法是：

（1）选择一个空气清新、四周安静、光线柔和、不受打扰，可活动自如的地方，取一个自我感觉比较舒适的姿势，站、坐或躺下。

（2）活动一下身体的一些大关节和肌肉，做的时候速度要均匀缓慢，动作不需要有一定的格式，只要感到关节放开、肌肉松弛就行了。

（3）做深呼吸，慢慢吸气然后慢慢呼出，每当呼出的时候在心中默念"放松"。

（4）将注意力集中到一些日常物品上，比如，看着一朵花、一点烛光或任何一件柔和美好的东西，细心观察它的细微之处，点燃一些香料，微微吸它散发的芳香。

（5）闭上眼睛，着意去想象一些恬静美好的景物，如蓝色的海水、金黄色的沙滩、朵朵白云、高山流水等。

（6）做一些与当前具体事项无关的而自己比较喜爱的活动，比如游泳、洗热水澡、逛街购物、听音乐、看电视等。

3. 督促孩子做足准备工作

对于青春期的孩子来说，他们缺乏自制力，尤其是学习和考试，他们常常临时抱佛脚，结果常常因为准备不足而产生紧张心理。对此，作为父母，要督促孩子：要想把事情做到最好，你必须在心中为自己设定一个严格的标准；并且，在做事时，你一定要按照这个标准来执行，决不能马虎。这样，孩子不仅能减少紧张心理，还养成了严谨的思维习惯。

孩子的比较心理——教育出脚踏实地的孩子

◎ 父母的烦恼：

案例一：

刘先生经营自己的一家小公司，一家人和和美美，尤其是在女儿阳阳出生后，他更觉得家庭美满。为了让女儿有个好的成长环境，他让妻子辞去了工作，专门带孩子。

妻子也一直把女儿当成心肝宝贝一样疼着，总是尽自己的能力将女儿打扮得像小公主似的，邻居阿姨也常常夸赞阳阳很乖巧。一直以来，阳阳也总是一个品学兼优的孩子。可是，自从上初中后，刘先生遇到了一件烦恼的事：上周末，小区里几个同龄孩子在一起聊天，随口说着自己都去哪里玩过，阳阳突然夸海口道："我爸爸带我去日本旅游了，我看到好多没见过的鱼……可好玩了。"刘先生吃了一惊，他们从来没去过日本，这孩子怎么撒谎呢？

案例二：

"爸爸，以后你接我放学的时候就不要来校门口了，离学校远点儿行吗？你骑个自行车来接我，别人的爸爸都是开着四个轮子的车，我们班同学都笑话我了。"听到11岁的儿子对自己说这样的话，王先生气得想抡起手给儿子一个耳光，可他还是忍住了。"真的很心痛，儿子竟然嫌弃我骑自行车，觉得丢人。"王先生决定以后不再接送儿子，让他自己坐公交车慢慢体验生活。

有专家表示，对于青春期的孩子，都有比较心理，也就容易产生虚荣心，这是孩子心理发育过程中的正常现象，引导好了，可以转化为进取心，帮助孩子积极进取。如果不加重视，任其发展，孩子心浮气躁，很难脚踏实地，长大后很可能喜欢弄虚作假，沽名钓誉。

处于青春期的孩子，在知识经验的不断积累中，世界观、价值观开始建立，对许多事情已经很有自己的见解。孩子在与同龄人交往的过程中，喜欢做第一，喜欢领头，希望得到大家的认同和喜欢，自然也就产生了与周围人比较的心理。此外，"爱面子"是中国人普遍存在的一种心理，这些都会或多或少地影响着孩子成长，在大环境下，孩子自然会有盲目的从众性。

除了社会客观原因外，也有父母本身的原因。有的父母常常会无意识地在孩子面前显露虚荣言行，比如，拜金主义，一切用钱摆平；与地位高的人交朋友，看不起普通人，等等，这都会潜移默化地影响孩子。

通常来说，孩子会通过以下几种方式来展示自己：

1. 比物质、家庭环境和外在条件

这一点，往往在那些学习成绩较差的孩子身上体现得更为明显。学习上比不过别人，他们就比物质，比外在条件。

"我的孩子自上初中后，除了学校规定的校服外，身上穿的几乎全是名牌。买普通的衣服，他根本看不上眼，还说同学之间有比较，太寒酸会被人家笑话。"一位母亲向学校老师诉苦：她和老公经营着一家小公司，平时管理孩子的时间少，每周都会给他100元零花钱，包括吃饭的在内，可儿子每周都会透支，还要求多给点。她仔细观察，原来儿子很"好客"，常请同学吃东西。

"前段时间，他又看中了一款新手机，想让我买给他，我没答应，他就跟我生闷气。"她常常教育孩子不要过于铺张浪费，儿子不听，总是说："我就喜欢名牌"，这让她很头疼。

2. 比学习

孩子在学习上有竞争意识固然很好，但如果孩子把成败看得太重，那么，就很容易走上为了成功不择手段的道路。

一般来说，学生间争强好胜，相互之间攀比心强，对成绩的好坏很注重，一不如意，就有想法。由于现在大多是独生子女，以自我为中心，往往不能平等对待同学之间的各种竞争，一旦在自认为强项的方面出现有超过自己的同学，有时就会心理不平衡。为防止别的同学超过，整天争分夺秒地学习，从不玩歇一会儿。由于孩子长期处于紧张状态，且时时害怕别人超过自己，渐渐地，精力不能集中，不能坚持正常学习。

那么，作为父母，该如何帮助孩子正确看待竞争呢？

心理支招：

（1）父母应该告诉孩子，一个人只有通过劳动努力获得的东西，才是值得人尊重的。而名牌并不是较高能力的象征，只是表明消费水平高而已。

（2）创造一些家务劳动的机会，让孩子自己挣钱购买所需要的东西。

（3）父母自己也应该摆正心态，不盲目追求物质享受。

（4）教育孩子根据自己的需要买东西，不应盲目地与别人攀比，让孩子学会理性消费，学会理财。

（5）引导孩子正确看待得失、成败。父母要让孩子明白，学习好并不代表一个人就是成功的。青春期的孩子应该注重德、智、体、美、劳全面发展。同时，也要让孩子明白，只要努力，结果并不重要，让孩子看重过程，看淡结果。

（6）对于孩子的无理要求，一定要坚决拒绝，不能妥协让步。

（7）有时间的话，带孩子去福利院或者社区的贫困人家走动走动，让孩子在帮助别人的同时建立起正确的价值观。

第④章

青春期的孩子易躁动，这样平抚孩子的叛逆心理

　　孩子进入青春期后，随着身体的发育，他们在心理上也发生剧烈变化，表现在成人感、独立感的增强，产生认识自己、塑造自己的需要，及情绪"闭锁症"等方面。他们开始意识到自己不再是孩子，而是大人，他们希望自己能像成年人一样受到尊重，自尊感明显增强，做事喜欢自作主张，不希望成年人干涉，渴望独立。他们对父母和老师之言不再"唯命是从"了，往往嫌父母和老师管得太严、太啰唆，对家长和老师的教育容易产生逆反心理。因此，作为父母，一定要理解孩子的逆反心理，并加以引导，只要方法得当，恰当处理，就可以兴利抑弊，使其从消极转化为积极，帮助孩子渡过暴风雨般的青春期。

"算了吧，太土了"——与时俱进，才能教育好孩子

◎ 父母的烦恼：

一位初上网的母亲向网友求助如何和女儿沟通。她这样说："女儿上初中后话也是越来越少，一到休息天就守在电脑前跟同学聊天、逛贴吧、看论坛。我偶尔凑上去看他们聊的什么，结果竟然看不懂，都是什么'有木有'、'很稀饭'之类的词。问女儿是什么意思，女儿'切'了一声，很不屑的样子。"

"后来我到网上搜才知道，现在网络上有那么多新词，什么咆哮体、蜜糖体、淘宝体，我自己看得头都晕了。"

"前段时间女儿又改了个状态，写了句'金寿限无乌龟少'，我更是看不懂。问女儿，女儿居然说我老土，这都不知道。后来，我自己上百度搜了搜，才知道，这原来是前段时间热播的一部韩剧里的台词。哎，这个年龄段的孩子，真是太前卫了，还是我们真的太土了？"

而这位网友也感慨：现在跟女儿的话题真是越来越少了。平时女儿放学回家，她总是会问女儿想吃什么，女儿的回答常常是"就知道问这个，随便！"。考试完问女儿成绩怎么样，女儿的回答就是"就会问成绩，烦不烦"。给女儿买了新衣服，女儿的回答就是"就会买这样的，俗不俗"……

作为父母，孩子进入青春期后，你是不是发现孩子不再像以前一样听话了，不再认为你说的都是对的。他是不是经常对你说："俗！""土得掉渣！""out了"等。从孩子的口中，你是不是会听到："我们同学都是这样说的。""人家都是这样穿衣服的。""什么都不懂，懒得跟你说。""你不明白的。"……

这些语言和行为都代表着孩子进入青春期了，开始有了自己的思想。心理学家发现：孩子在10岁之前是对父母的崇拜期，20岁之前是对父母的轻视期，30岁之前是对父母的理解期，40岁之前是对父母的深爱期，直到50岁才真正了解自己的父母。10~20岁之间是代际冲突最为激烈的时期。有人说："12~17岁这个年龄段的孩子可以让父母衰老二十岁！"也就是说，这一时期的孩子是最让父母操心、担心和伤脑筋的。的确，大多数这个年龄段的孩子，都开始质疑父母，并认为父母的思想跟不上时代。于是，他们经常会说父母的想法"土得掉渣"。而这一点，无疑会让加剧父母与孩子之间沟通的难度。

♣ 心理支招：

1. 家庭教育应该与时俱进

很多父母认为，只要给孩子足够的物质满足，就是给孩子一个更好的生活，其实父母恰恰忽略了孩子最需要的东西。孩子最需要的不是玩具和零食，而是亲密感情的表现形式，比如你了解他的思想，理解他，认同他，给他一个鼓励的拥抱等。记住，孩子已经进入青春期了，已经有了自己的爱好、思想等。对此，父母应予以正确的引导和鼓励，不能以一成不变、简单粗暴干涉的方式来约束孩子，应该突破传统教育的固定模式，家庭教育也需要与时俱进。父母应该在平时多留意社会的发展和孩子的想法，注意与孩子沟通，在了解孩子的想法后也多向老师求教，双方配合合理引导，从而共同促进孩子的健康成长。

2. 和孩子一起探讨时尚与流行性问题

要和孩子做朋友，就必须与时俱进，了解孩子在想什么，了解孩子才有共同语言。如果问："你了解你的孩子吗？"可能有的家长会说："我的孩子，我能不了解吗？"曾经有人做过一次调查，设计了一些问题：

你的孩子最喜欢做什么？他最崇拜谁？曾经哪件事最打击他？……

父母与孩子都写下这些问题的答案，然后彼此对照一下，结果发现，没有一位父母能回答对一半以上的问题。

的确，很多父母，能记得孩子每次的考试成绩，记得孩子喜欢吃的食物，但就是弄不清孩子崇拜的偶像是叫迈克尔·乔丹还是迈克尔·杰克逊，他到底是打篮球的还是踢足球的？努力和孩子建立共同的爱好，了解孩子，懂孩子，孩子才能有和你交流的兴趣和欲望。

3. 让孩子安排与父母独处的时间

很多父母感叹："虽然放暑假整天在家，儿子跟我之间每天的交流时间竟不到半个小时！""女儿每天除了上辅导班就是自己上网跟同学聊天、打电话，根本不理睬父母，说多了还嫌烦！"

其实，既然孩子觉得你土，那么，你不妨请教他："这个周末由你来安排，不过前提是，你要带上爸妈……"如果你的孩子答应了，那么，就表明他已经允许你进入他的世界。

的确，孩子们天天在用现代化的眼光审视父母，逼迫父母去学习新东西，督促父母朝现代化靠近！呆板的、单一的、简单的家教已经行不通了，父母要在人格魅力、学识素养各方面得到孩子的敬佩与爱戴。在21世纪，变是唯一不变的真理。变是常态，不变是病态。因此，作为21世纪的父母，不妨改变一下自己，用21世纪的尺子来量量自己，不妨学会在孩子面前"化化妆"——用新知识，新技能包装自己；"演演戏"——每天花上几十分钟，学点新知识，设计一些"脚本"，用自己的行为影响孩子，用新鲜的话题引导孩子。

"能不能教教我！"——示弱法赢得孩子的认同

◎ 父母的烦恼：

老张的儿子小伟今年上初中一年级。进入新环境的小伟似乎对学习一点也不感兴趣，每天放学后，他不是玩游戏就是看电视。老张的妻子开始着急了：孩子要是再这样下去，别说考大学，连掌握基本的科学文化知识都会成问题。但只要妻子一开口，孩子就发脾气。

为此，老张决定和儿子好好谈谈。

这天晚饭后，老张故意拿出一张公司的报表，在那儿算来算去，并不断地摇头。儿子看见了，很不解地问："爸爸，你怎么了？"

"哎，这些密密麻麻的数字，都把我搞糊涂了。现在真是老了啊，这点事情都做不好，看样子是要下岗了啊。"

这时，儿子很急切地问老张："爸爸，你不是说你小时候学习挺棒的吗？"

"是呀，爸爸小时候学习很棒。我估计我连你现在初一学的数学公式都想不起来了，我会做的题目还不如你多呢，你说我不下岗谁下岗呀？你帮爸爸想想办法吧！"

儿子听了以后，思考了一下，说："那就这样，每天晚上我给你补课吧，反正初一数学我正在学。"

这天晚上，等儿子做完作业后，老张便坐在了儿子旁边。

小家伙拿出他的笔记本认真地给老张讲课。为了更顺利地教爸爸，他在讲解之前都认真地了复习一遍，他的这股认真劲儿让老张很高兴。

就这样，老张的示弱方法收到成效了。这段时间，儿子的学习成绩也有很明显的改善，并且，他还喜欢上了学习。

这则故事中的爸爸老张是聪明的，他正是通过巧妙示弱、向孩子求教，让孩子找到了一种成就感，进而激发了孩子学习的兴趣。

在中国几千年的家庭模式中，父母似乎都是高高在上的，孩子必须听父母的话。父母们认为，只有在孩子心中树立威严，才能让孩子接受自己的教育方式。而实际上，21世纪的今天，孩子们越来越要求和父母平等对话。对此，作为父母，如果父母能放下架子，向你的孩子请教，适当示弱，那么，更能拉近你与孩子的心理距离，增进与孩子之间的交流。

可能不少青春期孩子的父母都感叹，为什么现在的孩子这么难教？我们大人认同的事，他们都嗤之以鼻，总是与我们唱反调？其实，叛逆是青春期孩子的特征，这期间的孩子都认为自己已经是大人了，为了证明自己的想法更成熟、更高明，他们常常喜欢与父母唱反调。而作为父母，如果能满足孩子的这一心理，做做孩子的学生，那么，一定能让孩子感受到尊重，也就不再那么叛逆。

当然，父母在向孩子"请教"的过程中，还需要注意几个问题。

♣ 心理支招：

1. 尊重孩子的智力和能力，要有耐心

在向孩子请教的过程中，对于孩子遇到的问题，父母不必马上给出答案，而应该和孩子一起钻研，与孩子共同解决问题。当孩子面对思考问题上的不足时，不必急于指正，这时可以坦率地承认自己也犯过类似错误，然后巧妙地指出孩子的错误，这对培养孩子的自信心有极大的帮助。

2. 如果孩子不赞同你的意见，应了解其不赞同的原因

很多父母一听到孩子反对自己的观点，就不问原因，加以斥责。长此以往，孩子自然会疏远你。而如果你给孩子辩驳和阐述理由的机会："这件事，爸爸想听听你的看法……"有时候，孩子的世界是大人所不能了解的，但却并不是无理的，你只有试着了解，才能了解孩子。

3. 让孩子自己思考

要想让孩子养成动脑的习惯，遇到问题时父母不妨示弱，让孩子自己去分析，在此基础上再教给孩子分析问题的方法、考虑问题的思路。经过长期的训练，孩子遇到问题后自然就知道该如何思考了。

总之，在家庭教育中，如果父母能放下家长的架子，向孩子示弱。那么，孩子不仅会把你当父母，还会把你当朋友，因为他感受到了自信心、成就感和一种平等感。的确，在孩子心目中，大人几乎是无所不能的，如果他连大人提出的问题都解答了，他自然会有成人感。于是，孩子会一点点成熟起来，再不是父母眼中的小不点儿了，什么事情他都会愿意与父母分享和分担。

"我也要做坏孩子"——"坏孩子"活得才轻松快乐

◎父母的烦恼：

刘先生经营着自己的一家公司，效益一直不错。妻子美丽大方，但最令他头疼的是自己上中学的儿子。

最近，儿子刘杰几次的偷盗行为终于惊动了警察局。这天，刘先生不得不和班主任老师一起来到警察局。

刘先生家境不错，儿子为什么还会偷盗呢？事情是这样的：

有一次，刘杰到好朋友方伟家去玩，发现方伟家有一架很逼真的玩具望远镜。刘杰想知道这架望远镜究竟能看多远，就向方伟请求借来玩玩，没想到方伟很小气，不答应。刘杰很生气，就想故意偷走这架望远镜，好让方伟着着急。果然，找不到望远镜的方伟像热锅上的蚂蚁，刘杰这下子得意了。

从那次之后，刘杰就产生了一种很奇怪的心理，他觉得做坏孩子，偷别人的东西，能获得一种快感。班上很多同学的文具都被他偷过。而这次，他在逛超市时，因控制不住自己，从货架上偷拿一些并不贵重的物品，他刚准备把它们放在不易被发现的地方带回家，就被超市老板抓住了。

如刘杰这样的青少年并不多，但却很有代表性。实际上，很多青春期的孩子，他们偷窃，并没有明显的目的，有时纯粹是为了给别人造成困难而获得快感，如盗窃经济价值不大的物品。有的孩子只是把窃得的东西扔掉、损毁或随便送人，这些行为让很多父母很是头疼。

除了盗窃之外，一些青春期孩子还会做其他一些"坏事"，放眼看现在的网吧、酒吧都是青少年。这些放纵自己的孩子，多半都有一些共同的经历：学习压力大，和父母、老师关系处不好，没有可以交心的朋友，喜欢上了一个异性却被拒绝，这些都让青春期的孩子想学坏。

其实，每个孩子都想成为同龄人中的佼佼者，成为父母、老师的骄傲。可事实上，不是每一个孩子都能做到。于是，他们感到自己被人忽视了，干脆沉沦堕落；也有一些孩子，成绩优秀，但每一次优秀成绩的取得，都是经历了心灵的煎熬，正因为他们备受瞩目，所以他们很累，于是，想放纵的想法就在心里蠢蠢欲动。他们更羡慕那些不用考试、不用面对老师和父母严肃面孔的孩子，很快，他们尝试着抛开一切，放松学习，放纵自己。

我们还可以发现，在校园里，很多孩子尤其羡慕那些故意和老师作对、欺负低年级的孩子的同学。他们认为，这样的同学更容易得到周围人的尊重和认可。因此，这种行为就会被争相效仿。如果父母不对孩子的行为加以引导和控制，势必会对孩子的成长造成恶劣影响。

步入青春期的孩子，精力充沛，思维敏捷，记忆力强，情感丰富。但青少年时期是身心健康趋于定型的时期，是走向成年的过渡阶段，亦是性意识萌发和发展的时期，他们的心理发展和生理发育往往不同步，具有半成熟、半幼稚、叛逆等特点。因而，在他们心理素质发展的关键阶段，应当引起父母的重视，对不良行为的孩子既不能生硬批评，引发他们的叛逆情绪，也不能任其发展，让他们走入歧途。

♣ 心理支招：

1.孩子做了坏事，绝不能打骂

孩子做了些"坏事"，并不代表孩子就真的是"坏孩子"，更不能给孩子贴标签，但是绝不能放任不管。

为此，父母在确信自己的孩子做了一些"坏事"之后，首先要帮助孩子将事情的影响化到最小。有的父母认为只有"打"才是改正"偷窃"行为的最好对策。其实错了，打得厉害，疏远了父母与孩子之间的感情，孩子会感到更孤独，得不到家庭的温暖，甚至不敢回家，继而流浪在外，与社会上的浪子交往，被他们所利用，最后走入歧途，甚至会触犯法律受到制裁。

2.细心观察，防患于未然

日常生活中，父母一定要随时观察孩子的思想动向，如果孩子的零花钱突然多了，孩子的脸上出现了一些淤伤等，父母一定要引起重视，因为这意味着你的孩子可能打架或者偷东西了。然后，父母要仔细排查可能出现的情况，不管运用什么方法，其目的只有一个：动之以情，使他自己露出破绽，承认错误，但不能伤害父母的自尊心。如果事态的发展允许对他们的错误行为进行保密，那么，一定要坚守诺言，否则就失去了再一次教育他们的机会，他们再也不会相信你。

3.培养孩子的是非观点，让孩子知道什么是对错

虽然青春期的孩子已经有了是非观念，但极其容易受到影响甚至改变。因此，作为父母，一定要经常对孩子进行一些是非观念的培养，必须让孩子了解这种行为是父母不允许的，也不容许同样的事再次发生。对这类孩子进行矫治，必须先从帮助他们形成正确的是非观念，增强是非感开始。要做到这一点，必须从孩子现有的实际认识水平出发，逐步提高，通过反复教育，培养孩子的是非观，增强改邪归正决心。

总之，叛逆的青春期孩子，可能经常会出现想做"坏孩子"的冲动，或者做了某些"坏事"，对此父母切不可急躁，既要批评，又要耐心说服，使孩子受到震动，感到内疚，才会自觉改正！

"就是想惹老师生气"——怎么教育上课爱捣乱的孩子

◎ 父母的烦恼：

"我真不知道王伟同学是不是有多动症，他这样总是捣乱，我没法上课，也影响了其他同学，希望你回去好好和他沟通。"在某学校的老师办

公室里，老师义愤填膺地对一个家长说。

"我的儿子今年14岁，初中三年级，他好像从上初三以来就变得不听话了，说什么做什么完全看自己的心情。老师经常打电话来说他经常上课不听讲，跟老师顶嘴，对着干，由开始的课堂上故意捣乱，到现在的不学习、上课不听讲，趴在桌上。现在回家连书包都不带回来。"一位母亲说。

"我这个月已经是第三次被老师请到学校了，我儿子上课要么不听讲，要么和同桌讲悄悄话。更为严重的是，一次他居然把篮球拿出来，和几个男生一起玩起传球，那个新来的英语老师被气得半死。"另一位父亲说。

想必很多青春期孩子的父母都遇到过以上情况，并感到束手无策。学习对于任何一个孩子来说，都是最重要的事。而课堂学习是一个师生互动的过程，学生成绩的好坏很大程度上取决于课堂听讲的效果。但很多孩子，一到初中，就由以前一个上课认真听讲的好学生变成一个"捣蛋虫"，这不仅给老师的教学工作带来困扰，也让很多父母忧心忡忡。很多父母也被老师请到学校，希望能找到一条有效解决问题的途径。

一般来说，青春期孩子在课堂上不能注意听讲大约有以下三种表现：

一种是自己不听讲，在课堂上大声喧哗，甚至随便下座位、打闹，极大破坏了老师的课堂教学及学生的课堂学习，老师经常不得不中止教学维持课堂纪律。

第二种是自己不听讲，但不会影响别人。这类孩子表面上是在听老师讲课，但却在座位上做小动作，比如玩文具、听音乐、看课外书等。

当然，这类孩子不听讲的目的并不在于故意让老师生气，而是因为他们不能理解老师的授课内容，无法从老师的授课中得到任何有意义的信息，老师讲的知识不能进入学生已有的知识结构，使他们根本不知道老师在讲什么，听课像是听天书，这是学习障碍的一种表现。我国早在1992年抽样调查统计，有学习障碍的学生占学生人数5%~10%，小学生多于中学生，男生多于女生。美国的调查情况是占10%~20%。

还有一种是自己不听讲，和周围同学小声说话。他总有说不完的"事"，有的同学碍于面子或者同样有话要说，也有的同学是不和别人说自言自语，这就造成课堂学习中的一种噪声，既严重干扰了老师的课堂教学，又严重影响学生的学习效果。

弗洛伊德的精神分析理论告诉我们，人的任何行为都是有原因的，找到这个原因，问题就解决了一半。那么学生课堂行为的表现背后都有哪些原因呢？

针对第三种情况，多半是和青春期孩子的逆反心理有关。青春期的孩子在生理和心理上都处于形成的不稳定时期，这一时期的孩子心理上渴望自由但又要面临紧张单调的学习，这种矛盾情况下容易使孩子产生学习心理疲劳，对学习的兴趣降低甚至产生厌倦。而他们大部分的时间都和课堂有关，于是，他们很明显就会将逆反的矛头转向老师。于是，他们会出现上课注意力不集中、故意和老师作对等情况。

那么，作为父母，该如何协调老师做好孩子的心理调整工作呢？

♣ 心理支招：

1. 父母不要给予孩子过大的学习压力

作为父母，不要过分看重学习成绩，这对于孩子来说是一种无形的压力。很多孩子都有这样一种感受，当他们学习成绩下降，父母常常是老账新账一起算，把孩子学习成绩下降归结到玩的太多、不认真等，甚至骂孩子"蠢"、"笨"等，这只能导致孩子的对抗情绪。在课堂上，他们没有学习的动力，逆反心理会再次使得他们不认真听讲。

2. 与老师进行沟通，建议老师对孩子进行一些教育方法上的调整

老师面对犯错误的学生常常是持不接纳态度的，特别是对"屡教不改"的学生，更是从心理上排斥他，甚至动用罚站、写检查、叫家长等多种手段处罚他。然而，这种方法只会加剧孩子的逆反心理，甚至使其产生厌学情绪。因此，父母不仅不能接受教师的惩罚方法，更要建议老师寻找新的解决问题的方法，要给予孩子更多的理解与支持，与其建立良好的沟通。

另外，在教学方法上，可以建议老师让孩子多进行一些自主性学习，

课堂教学正发生着"静悄悄的革命"，不论是"自主学习"、"合作学习"、"探究学习"，还是"洋思经验"中的先学后教、当堂训练的课堂教学模式等，都在努力探索体现新的教学理念，而这一切又都需要老师帮助学生在课堂学习中拥有一个愉快的心境。

总之，作为父母，不要认为孩子在学校，就可以放任自流，让老师管教等。任何父母，都必须做孩子情感的依靠。如果父母真的能做到理解孩子，让孩子产生情感认知，那么，你什么事情都不用做，孩子的逆反问题就解决了一半。

"吞云吐雾真潇洒"——怎样让青春期的孩子远离香烟

◎ 父母的烦恼：

杨先生的儿子亮亮，今年刚15岁，上初三，但却学会了抽烟。

"我第一次发现他抽烟，是半年前的事了，那天，我买了一包烟，放在客厅的茶几上，还没抽几根，就没有了。后来，我在亮亮的房间发现了烟头，才知道，这小子居然偷偷开始抽烟了。再后来，我给他的零花钱，他总说不够花。那天，我下班很早，就顺便去学校接他放学，结果却看到他跟同学在操场墙角处抽烟。我当时真是气不打一处来，当场把他带回家，好好教训了一番。可是，我还没说几句，他就反过来教训我：'你要是能把烟戒了，我也戒。'"

的确，很多青春期的孩子尤其是男孩子，他们把抽烟当做成熟的一种标志。在抽烟的时候，他们觉得自己就如同大人一样，觉得很潇洒，但时间一长，便染上烟瘾。而处于青春期的他们，身体发育尚未成熟，过早地抽烟，对身体发育有害无益，也严重地影响学生的学习进步，应该及时教育纠正。很多父母都意识到这一问题，但往往屡禁不止，着实伤神。

其实，孩子抽烟，是有一定的心态原因的，主要有以下几种：

1. 好奇型

在家里，许多家长茶余饭后往往朝沙发上一躺，继而点上一支香烟，吞云吐雾，还美其名曰："饭后一支烟，赛过活神仙。"在社会上，待人接物、走亲访友等社会活动，无一不是烟搭桥。在学校，有的教师一下课，立即就点上一支香烟。这一切，都强烈地吸引着涉世未深的男孩，使他们产生了想尝试一下的欲望，于是就开始尝试着吸烟。

2. 欣赏型

孩子成长期的模仿能力极强，对电视、电影中的明星盲目崇拜，觉得他们吸烟很神气，有风度，有气质。对于爱追星的男孩而言，抽烟也就见怪不怪了。

3. 时尚型

在男孩眼里，吸烟已经开始成为了一种讲排场、显示身份的时尚，有的孩子甚至因为完全没有抽过烟，而被同学嘲笑跟不上时代的发展，缺少男子汉气概等。有的孩子本来不喜欢抽烟，但由于看到身边的同学都在吸烟，固有的从众心理、不平衡心理，于是也就在开始并不很愿意的基础上自觉不自觉地加入抽烟一族的行列。

4. 消遣型

一些男孩因厌学、父母离异、受到挫折、无聊等诸多原因，整天沉溺在吞云吐雾的日子里，想借此来缓解内心的痛苦。这类孩子后来大多成了"瘾君子"。寝室、厕所、旮旯处就成了他们抽烟的好处所。

生活中，有不少父母对待已经有这种不良行为的孩子，只是一味地打骂、暴力解决，根本没有去了解孩子为什么吸烟，没有分析孩子的烟瘾是如何形成的，或者只是睁一只眼闭一只眼。正是这种不良的态度使青少年吸烟的人数越来越多。所以，父母要做好让孩子远离香烟的关键一环，并不是对他们放任自流，也不是暴力解决，而是要将严加管理与正确引导相结合，在孩子还没养成烟瘾之前，将他们从"烟井"旁拉回。

那么，父母该怎样帮助孩子改正吸烟的坏习惯呢？

♣ 心理支招：

1. 让孩子对抽烟产生一种厌恶感

采取一定的措施，如陪孩子观看吸烟者死于肺癌的电影，或其他现身说法的教育，或提醒法，或正面法等，根据当时的情形来选择具体的方法。让孩子看后、听后确实感到害怕，感受到吸烟的危害性，从而厌恶吸烟。

2. 价值改变

许多男孩吸烟是为了自我显示，表示自己具有真正男子汉的成熟形象，很有风度。因此，采取改变与吸烟有关的价值观念，使吸烟的孩子感到：吸烟有损于其纯真形象，吸烟只有让他人产生恶感，显示出的是不良品行的倾向。这样，孩子就会在新的价值观念的支配下，有效地做到不再吸烟。

3. 切断消极影响源

一部分孩子是在同学或同伴的吸烟行为的影响下，开始吸烟和逐步学会吸烟的。实际上，同学或同伴的吸烟行为成了一种强化吸烟的因素。现在采取割断消极影响源的措施，在一定时期内不让他们与吸烟的同学或同伴接触，实质上是让他们不再有复发吸烟行为的机会。经过一段时间的巩固以后，他们已有一定的分辨力和抵制力，不易再受别人的吸烟行为影响。

4. 消除吸烟有益的错误观念

有的孩子认为吸烟可以提神、消除疲劳、激发灵感，这是毫无科学根据的。实验证明吸烟百害而无一益，父母应该告诉孩子吸烟对自己身心健康的严重危害及成才的巨大影响，让他们明白吸烟就是在自杀！

5. 帮助孩子将精力集中在学习上，这是纠正吸烟坏习惯的治本措施

大量事实表明，孩子开始染上吸烟行为时，也正是失去学习兴趣之时。绝大多数吸烟的孩子都是学习不好的学生。

为此，父母要引导孩子走上学习的正道，经常过问和辅导他们的学习，随时鼓励孩子学习上的每一点进步，使孩子将主要精力和活动时间用在学习上。这将有助于他们戒掉吸烟恶习。

"你不听也得听"——不要总是命令孩子

◎ 父母的烦恼：

小丫生活在一个幸福美满的家庭，家里的经济条件优越。父母的文化程度虽然不高，但在教育子女方面还是有自己的一套方法，特别是她的母亲，和女儿就像朋友。

小学时，小丫总喜欢把学校或者班里的事情告诉母亲，和母亲说说悄悄话，家庭的民主氛围很浓郁。

可是，自从进了中学，小丫在家的话渐渐少了，一到家就把房间门一关，半天也不出来。母亲想要和她聊聊天、说说话，她总是借故离开。母亲感到纳闷，难道是女儿长大了，想要拥有自己的心灵空间？后来，又有新的情况出现了。好几个晚上，小丫总会接到同学的电话，而且一聊就是半天，还得避开父母的视线范围。

后来母亲到学校咨询了老师，从老师那里了解到，近来经常有高年级的同学来找小丫，而且上下学的路上总有一个男孩子与她同行。母亲似乎明白了，可能小丫在思想情感方面产生了波动，出现了早恋倾向。

"一个学期以来，通过我与小丫的多次谈心、疏导，在她父亲的理解和诱导下，让她懂得了'喜欢'与'早恋'的区别。其实，她对那个高年级男生只是有好感，只是喜欢而已，可以作为一般的朋友来相处。并使她真正认识到中学生在心理、生理、经济等方面都不具备恋爱的条件，把精力完全投入到自己的学习生活中去，才是现在应该做的。她开始调整自己的精神状态，积极地投入到学习中去，几次月考的成绩虽不尽如人意，但她还是继续努力，终于在期末考试中取得了可喜的进步。现在我们更成了无话不谈的好朋友。"

小丫母亲是个有心人，没有对孩子劈头盖脸的询问，而是采取其他渠道获得了小丫早恋的信息，并帮助女儿了解喜欢与早恋的区别，使女儿迷途知返，重新投入到学习中。

早恋只是青春期孩子遇到的一个问题。对于每个家庭来说，孩子的青春期同时也是危险期，需要父母的关爱和引导，但很多父母很少静下心来听孩子的想法，而是一味地命令孩子："你不听也得听。"孩子的想法被压制住了，也就变得更叛逆了，根本不愿意与父母沟通。

每个父母都希望自己的孩子听话、乖巧，但孩子并不是父母的私有财产，如果希望孩子样样服从自己的安排，结果将会适得其反。父母在言行上的矛盾教育常让孩子无所适从。父母在学习家庭教育理论知识的同时，还要善于反思、总结，不断提高自己的素养，转变自己的旧观念，把理论灵活的运用到实践中去，才能有好的效果。

总之，父母不要总是把强迫孩子听话，把什么都强加给他们。

♣ 心理支招：

1. 不要把父母的观点强加给孩子

父母越是将自己的观点和价值观强加于孩子，并自以为孩子会与你分享，孩子拒绝接受它们的可能性就越大，即便一个较小的孩子也是如此。

因此，父母要想办法弄清你孩子的想法。比如，你可以这样说："我喜欢这个想法，但重要的是你如何看待。"而不是说："太棒了，你不这样认为吗？"或者可以说："你怎么看待那个电视节目？"而不是说："那个电视节目简直就是胡说八道。"

2. 不要把父母的兴趣和爱好强加给孩子

很多有所成就的父母都希望孩子能按照自己的兴趣、爱好，甚至为他规划的人生走下去。早有"子承父业"、"书香门第"之说，生活中这样的例子也是数不胜数：医生的孩子当医生，教授的孩子当老师……

父母总把孩子放在自己的掌心，而孩子却渴望一片自己的天空。这种

"独裁"只会把孩子从父母身边拉走。中国的父母太喜欢包办代替，操心受累之余还总爱不无委屈地说一句："我什么都替他想到了，能做的我都做了，我容易吗？"可是对于这一"替"，孩子不但不领情，反而加剧了他们的逆反心理。尤其是进入了青春期的孩子，他们更愿意固守自己的意志而拒绝家长的好心安排。

其实，父母的良苦用心可想而知，但有没有尊重孩子的兴趣，让孩子挑选自己感兴趣的东西呢？父母应该注意发现和培养孩子的兴趣。

大多数时候父母都会认为：孩子还小，很多事情他们不懂，我们选择的对他们才更有好处。殊不知，孩子已经进入青春期了，他们也有着鲜活的思想和情感，有自己的兴趣。只有从兴趣出发，孩子才能自主地学习，才能学得又快又好，才能享受到学习的乐趣。

3. 别只是对孩子大喊大叫

当孩子产生情绪或者做出父母不能容忍的事后，向孩子说明你的想法和感受。当你感到愤怒、难过或者沮丧，请说出来并向他们说明原因，别只是大喊大叫。

总之，父母千万不要总是希望强求青春期的孩子听话。无论孩子遇到什么问题，父母都要多听听孩子的心里话，多引导孩子，让孩子感受到来自父母的尊重和关心，他们也就没那么大的逆反情绪了。

"为什么总是不顾我的面子"
——不要当着外人的面批评孩子

◎ 父母的烦恼：

有位家长在谈到教育孩子的心得时说：

"有一天晚上，吃过晚饭以后，我打开自己的邮箱，发现有女儿的一封信，信的内容是："妈妈，我给你说件事，你以后别在别人面前说我不听话，不然很没面子。"我很庆幸，孩子能给我提出来，而不是闷在心里。但同时心里也好酸，心情久久无法平静，从前真的没有考虑孩子的感受，她已经十三岁了，也知道什么是面子，孩子的心是多么的敏感脆弱。于是，我给女儿回了封信，向她保证以后不在别人面前说她不听话了。"

的确，孩子都是渴望得到表扬的，尤其是生性敏感的青春期孩子。他们都有自尊心，都要面子。作为父母，应该时刻注意保护好孩子的面子，不要在众人面前说他们的缺点，不要在众人面前批评他们。孩子的每一个行为都是有原因的，这是由孩子的心理、生理年龄特点所决定的。也许这些原因在成人看来是微不足道的，但在孩子的眼里那是很严重的事情，不了解原因而当众批评他们，非但不能解决问题反而会使问题变得更糟，使孩子产生逆反抵触情绪，导致对孩子的教育很难继续下去。

英国教育家洛克曾说过："父母不宣扬子女的过错，则子女对自己的名誉就愈看重，他们觉得自己是有名誉的人，因而更会小心地去维持别人对自己的好评；若是你当众宣布他们的过失，使其无地自容，他们便会失望，而制裁他们的工具也就没有了，他们愈觉得自己的名誉已经受了打击，则他们设法维持别人的好评的心思也就愈加淡薄。"实际情况正如洛克所述，尤其是青春期，如若被父母当众揭短，甚至被揭开心灵上的"伤疤"，那么孩子自尊、自爱的心理防线就会被击溃，甚至会产生以丑为美的变态心理。

而生活中，很多父母看到孩子犯错误就急了，批评起来过火，也不注意地点和场所，就大声地呵斥孩子，甚至在很多围观者的面前动手打孩子。有些父母更过分，只要孩子犯了一点小错，就新账旧账和孩子一起算，把往年陈谷子烂麻的事情一股脑地给抖搂出来，以为这样的强刺激对孩子会起到较深刻的教育作用。而父母忘记的是，你在教育的是一个青春期的孩子，你当众批评他，严重伤害了一个孩子的自尊，让他以后在人前抬不起头来。其实，你越过火孩子越反感，并未取得应有的教育效果，反而让孩子对你产生严重的反感情绪。这时候，你就失去了教育孩子的"武器"——父母的威严。严重的，很多孩子会产生逆反情绪，甚至会反抗父母的教育。

那么，很多父母就产生了疑问："孩子自尊心强，难道就不能批评了吗？"答案当然是不，但是批评孩子也要掌握一定的原则和技巧，不能当众批评。

♣ 心理支招：

1. 低声

父母应以低于平常说话的声音批评孩子，"低而有力"的声音会引起孩子的注意，也容易使孩子注意倾听你说的话。这种低声的"冷处理"，往往比大声训斥的效果要好。

2. 沉默

孩子一旦做错了事，总担心父母会责备他。如果正如他所想的，孩子反而会有一种"如释重负"的感觉，对批评和自己所犯过错也就不以为然了；相反，如果父母保持沉默，他的心理反而会紧张，会感到"不自在"，进而反省自己的错误。

3. 暗示

孩子犯有过失，如果父母能心平气和地启发他，不直接批评他的过失，孩子会很快明白父母的用意，愿意接受父母的批评和教育，而且这样做也保护了孩子的自尊心。

4. 换个立场

当孩子惹了麻烦遭到父母的责骂时，往往会把责任推到他人身上，以逃避父母的责骂。此时最有效的方法是，当孩子强辩是别人的过错、跟自己没关系时，就回敬他一句，"如果你是那个人，你会怎么解释？"这就会使孩子思考"如果自己是别人，该说些什么"，这会使孩子发现自己也有过错，并会促使他反省自己把所有责任嫁祸他人的错误。

5. 适时适度

正如以上所说，不能当众批评，而应"私下解决"，这能让孩子明白父母的良苦用心，尊敬之心油然而生。比如，孩子考试成绩不理想时，父母和孩子坐下来一起分析一下考试失利的原因，提醒孩子以后避免此类情况的发生，就比批评孩子不用功、上课不认真效果要好得多。批评教育孩子，最好一次解决一个问题，不要几个问题一起批评，让孩子无所适从；也不要翻"历史旧账"，使孩子惶恐不安；更不要一有机会就零打碎敲地数落，结果把孩子说疲沓了，最后却无动于衷。

总之，对于青春期的孩子来说，无论他们做错了什么，父母千万要注意不要在人多的地方对他们横眉立目的训斥指责，这会伤害孩子的自尊，在一定的场合也要给足孩子的面子。

第⑤章

青春期的孩子有主意，父母该如何与孩子融洽相处

孩子到了青春期后，独立性便大大增强，他们更渴望参与成人角色，要求独立、得到尊重，他们开始营建自己的"小天地"，不愿意依赖父母，甚至出现心理闭锁，尤其是不愿意与家长沟通。这无疑会让很多父母焦虑，但很明显，焦虑毫无作用。此时，如果你想敲开孩子封闭的心，就必须懂得一些与孩子相处的心理学，掌握他们的心理，才能走入孩子的世界，用心体会青春期的风云变化，理解他们。当孩子真正接纳你后，他们便愿意对你敞开心扉了！

为什么青春期的孩子与父母的关系越来越疏远

◎ 父母的烦恼：

某周六的早上，六点钟就起床的吴先生洗漱好之后去敲儿子的房门，并说："小伟，起来，我们去跑步，别一到周末就只知道睡觉、玩游戏。"

"太土了吧，要是被我们班同学看见，周一我就成班上的笑话了。"

"跑步怎么就土了？"

"跟你说不明白，我困死了，别打扰我。"一听到儿子这种态度，吴先生火冒三丈，准备踹门进去，被妻子一把拦住了。妻子劝了半天，总算把丈夫的火压住了。

那次之后，吴先生一看到自己的儿子就生气，而他的儿子也不愿意和父亲说话。就这样，父子之间的关系慢慢变僵了，有时候，吴先生明明想看看儿子在玩什么新游戏，也不好意思开口，而儿子遇到不会的习题，也不愿找父亲指导。

我们都知道，家庭是社会的细胞，也是一个团队。每个家庭中，孩子是核心，父母都希望与孩子的关系密切、无话不谈。曾几何时，孩子偎依在父母身旁，听父母讲故事，向父母讲述他们在学校的趣事，与父母分享他们成长的经历。但随着孩子的成长，尤其当孩子进入青春期，他们开始厌烦父母的唠叨，甚至开始疏远父母。有些父母对孩子的心理和行为不解，甚至会对孩子发脾气，于是，亲子之间的关系很容易变得紧张，甚至无话可说。

"看到孩子总是以一副不耐烦的神情跟我说话，我的脾气也不会好到哪里去。他声音大，我的声音就要更大，人在情绪上头，哪里顾得上风度、民主，我就记得我是他老爸，怎容得他这么放肆?其实，他如果以冷静的态度跟我分析他的想法，我又何尝会倚老卖老呢？我都这么大年纪了，怎么会不讲道理呢？"可能很多父亲面对青春期叛逆、独立的孩子，都是这样的态度。

青春期是每个人必须经历的身心发展的重要时期，但是青春期也是孩子的心理断乳期，有种种的表现和心理发展特征，让孩子做出不如父母意愿的事情。父母无法掌控孩子突发而来的状况，导致一些亲子关系出现了问题，造成孩子的烦躁，父母的困惑。

实际上，青春期对整个家庭来说都是一个动荡期，孩子开始疏远、反叛，作为父母，自然心里不好受。其实作为父母，也应该重视青春期孩子身心的变化，及时调整教育方法，否则，亲子关系很容易变得紧张。

♣ 心理支招：

1. 和孩子一起成长，真实感受青春期孩子的情感

国内外的许多研究证明，经常与父母在一起的孩子，不仅智商高，而且意志坚强。其实，父母也经历过青春期，也能体会这期间身心上的巨大变化。因此，父母可以和孩子一起成长，和孩子一起体验青春期，这既可以缓解造成双方的不适，也可以一同幸福地感受成长的过程。当然，这里的"一起"，并不是空口说说而已，而是需要作为父母的你放下架子，真正走入孩子的世界。比如，父母可以：

（1）和孩子一起学习。以身作则，给孩子树立榜样，有意识地培养孩子的学习习惯，如孩子做作业时，你可以拿张报纸、拿本书，和孩子一起学习。

（2）向孩子请教当下最流行的游戏玩法，这样，孩子才不会觉得你过时而产生代沟。

对于处在青春期的孩子，不可缺少父母的引导和关怀，即使你工作忙碌，不能每天陪伴孩子，通过电话、E-mail等方式同样可对孩子施加积极的影响。也就是说，要将你的爱在时间、空间、情感上都表达到位。

2.缓和教育时的口吻

父母要明白，孩子正处于青春期，用以前的教育方法，尤其是强制的、严厉的、简单粗暴的家长作风式的教育，显然是不管用了，那样只能让孩子的心离你越来越远。或者说，是不能与孩子目前的心理特征相匹配的。

因此，你一定要记住，虽然孩子已经长大了，但他们的心灵还是脆弱的。你若想走近并走进孩子的内心世界，就必须要心平气和地和孩子交流。

3.在一些共同体验的活动中与孩子建立友谊

你可以和孩子一起参与一项有难度的活动，比如徒步旅行、参加篮球比赛等，并和孩子一起克服困难。人们与那些"同甘苦、共患难"的人更易建立友谊，青春期的孩子也是如此。

同时，你应该成为孩子的精神支柱，在孩子情绪易起伏、自我控制能力不强时，应做孩子精神上的"镇静剂、安慰剂、止痛剂"。

在这个过程中，他们会再次感受到父母之爱的伟大，这对于亲子关系的修复以及巩固都能起到很好的作用。

我国著名教育家孙敬修说过：孩子的耳朵是录音机，孩子的眼睛是摄像机；他们会通过这些将长辈的行为记录下来，也就成了孩子待人处世的榜样。因此，无论父母做的好不好，都已经被孩子看在眼里。对于那些青春期的孩子来说，他们更会出现很多意想不到的问题。父母应放下长辈的架子，陪伴孩子一同成长，感受这个时期的幸福和快乐，并做到语言、行动得当，亲子间保持良好的沟通。这样，青春期的亲子冲突完全可以避免。

进入孩子的世界，和孩子做朋友

◎父母的烦恼：

杨太太是一名家庭主妇，虽然生活不是大富大贵，但她很满足，因为她有个可爱又听话的儿子。但不知道为什么，孩子上了初中后，似乎一下子变了很多。

这天晚上，为了庆祝儿子期中考试升入前五名，丈夫早早地下了班，和杨太太一起做了一桌子的菜。

饭桌上，杨太太一脸笑意，夸奖儿子学习努力。

"你们班这次考第一的还是秦箫？"杨太太顺口问。

"嗯。"儿子很冷淡地回答。

"秦箫这孩子从小就聪明，平时也很有礼貌，见到我们都很积极地打招呼，以后肯定是个重点大学的料子。"杨太太说。

"得了吧，就她？整个就会"装"，我们班同学都很讨厌她，马屁精，也就老师喜欢她。"听到杨太太的话，儿子很气愤地辩驳道。

"那她总归是第一名啊。"

"切，第一名又怎么样，没人稀罕……"说到这儿，儿子更气愤了。最后，他放下碗留下一句："我去看电视了，你们慢慢吃。"这一举动让杨太太感到非常奇怪。

为什么杨太太夸奖其他孩子，他的儿子嗤之以鼻呢？其实，这是一种青春期逆反心理的表现。青春期孩子独立意识开始慢慢增强，并有了自己的想法，此时，他们更希望父母以及周围的人把自己当做成人来看。但实际上，他们还是父母眼里的孩子。因此，为了让父母对自己改观，他们一般会以唱反调来标榜自己。而这里，杨太太夸奖的是其他孩子，那么，在她的儿子眼里，自己自然不如母亲口中的这位同学，这就更加引起了他的不满，最后，本来其乐融融的气氛变得僵硬起来。

很多父母都感叹，为什么孩子到了初中之后话越来越少、人越来越"叛逆"，甚至无论父母说什么，他们总是不屑一顾、嗤之以鼻？他们的价值观有问题吗？其实并不是，青春期的孩子是一个渴望脱离父母庇佑的群体。然而，他们并不能完全独立生存，不能独立面临生存的压力、学习上的困扰等，此时，他们只能"空喊口号"，在"行为语言上"反抗父母。于是，和父母唱反调就成了他们宣告独立的重要方式。

然而，孩子的这一态度无疑给亲子关系带来障碍，让很多父母无法适从。那么，作为父母，该怎样针对这一问题，与孩子好好相处呢？

♣ 心理支招：

1.孩子不认同的事或物，父母应了解原因

很多父母一听到孩子反对自己的观点，就不问原因，加以斥责。长此以往，孩子自然会疏远你。而如果你给孩子辩驳和阐述理由的机会："这件事，爸爸想听听你的看法……"有时候，孩子的世界是大人所不能了解的，但却并不是无理的。父母只有试着了解，才能了解孩子。

2.进入孩子的世界，让孩子慢慢喜欢你

有位母亲这样讲述自己的教育经验——儿子喜欢什么，妈妈就去学什么。

"儿子初三的时候，就已经长到180厘米，酷爱打篮球。而我对篮球一窍不通，为了打入儿子的圈子，我专门去查资料，美职篮、乔丹、科比、姚明……周末的时候，我会主动跟儿子交流：'晚上有NBA的比赛，我们一起看。'儿子当时特别兴奋。他会觉得妈妈很了解我的爱好，妈妈很'潮'，跟别的家长不一样。"

"儿子对家长认可了，自然也就乐意跟家长聊天，这样家长关于学习和生活的提醒他也就肯听了。其实，这个时候的孩子也很要面子，家长一定要把他们当成大人看待。有一次，我在路上遇到了儿子的同学，便很真诚地对同学说：'很高兴儿子有你这么要好的同学，欢迎你经常到我家玩。'事后，儿子很高兴，他觉得妈妈很尊重他的同学，让他很有面子。第二天放学后，儿子兴奋地跑来说，那位同学夸妈妈'很有气质、很优雅'"。

3.尝试跟孩子交朋友

事实上，青春期的孩子特别渴望交朋友，这就是为什么他们会有自己的朋友圈子而不愿与父母交流、对父母的观点嗤之以鼻了。父母如果和孩子交上了朋友，那就不会再为不知道怎么跟孩子交流而烦恼了。

当然，父母一定要主动，放下架子，主动去和孩子交往。比如，针对上网这一问题，你不能盲目反对，因为孩子在上网时，也会有收获。看看孩子在上网时最爱干点什么，那你就去了解一点，应该就能找到一点共同语言。另外，如果孩子爱玩游戏，那么，在有条件的休息时间，试着跟孩子一起玩玩，就能让孩子更加喜欢你。当然，在游戏的选择上，可以挑一些竞技类和娱乐类的，娱乐的同时培养孩子的竞争意识。

离家出走的孩子心里想什么

◎父母的烦恼：

曾经有一篇报道，讲述了一个15岁的女孩离家出走的经历。

女孩名叫沫沫，刚上初三。沫沫和大多数生在福中的90后一样，被父母疼爱。在她的家里，父母关系很好。沫沫还有个弟弟，但这并没有减少父母对她的爱。"所有同龄人拥有的电脑、手机、播放器……我们一样都不会给她落下。"

"但不知为什么，从初三开始，她似乎一下子就变了，开始不间断地离家出走。开始时，只是晚上没回家住，也不通知我们。第二天，我们不得不追问，此时，她才说头天晚上在朋友家玩得太晚就直接住朋友家了。但这种情况发生频率越来越高。有一次，她竟然整整四天没有回家，我们也完全联系不上她。我们找遍了她所有可能去的地方，问遍了她所有要好的朋友，然而，都看不到她的身影。"

对于女儿的这种情况，沫沫的父母很着急，他们也曾想过报警，但是沫沫在出走之前就狠狠地警告过他们：不要报警，否则后果自负。

每次沫沫离开家，她的妈妈就彻夜不眠，生怕女儿在外面出了什么事。有时候，难得沫沫回来一次，她又害怕女儿继续出走。"平常一个电话都能把我们吓得冷汗直出。"沫沫的母亲说，只要电话声响起，他们就害怕，怕是沫沫出事的消息。

直到现在，沫沫的父母都不明白，15岁本是一个无忧的年纪，15岁的孩子理应在学校和家庭的关怀下成长，而沫沫却执意要过上漂泊的生活。而复杂的社会，将会把沫沫变成什么样子？更让他们更担心的是，也许哪一次的任性出走，就变成了她与父母的永别。

沫沫的事件并不是个例，对于青春期孩子离家出走的问题，专家称：孩子有问题父母难辞其咎。近年来，像沫沫一样离家出走的事件时有发生，这给父母带来了不小的困扰。令父母不明白的是，为什么现今的青春期孩子会出走呢？这里，我们不妨分析一下：

1. 学习压力过大，孩子不堪重负

曾经有这样一则调查报告，报告称：在被访的中学生中，35%的学生坦言"做中学生很累"，有34%的学生说，有时"因功课太多而忍不住想哭"；面对高强度的学习压力，很多父母并不是理解，而是继续给自己施压；更不可思议的是，1/5的学生有过"不想学习想自杀"的念头。

当然，孩子的压力有时候也来自于自己，他们也会为自己设定各种学习目标，而一旦没有实现这一目标，他们便感到气馁甚至想逃避。

当然，这种压力更多来自于家庭。父母的目标太高，孩子的考试成绩达不到要求，就给孩子施加压力，孩子就会感到恐惧，希望一走了之。

2. 做错事又怕受惩罚

有些孩子做错了事，但又害怕父母惩罚，于是，他们选择出走。这种情况一般出现在那些经常惩罚孩子的家庭。

3. 被外界环境诱惑

青春期孩子通过各种信息渠道接受很多信息后，一部分人经受不住诱惑对读书不感兴趣，而热衷于读书以外的东西，比如早恋或者迷恋于网吧，进而发展到离家出走"实现理想"。

对于家庭来说，每一个出走孩子的父母，哪一个不是经历着山崩地裂般的灾难？有举着孩子的照片一个城市一个城市寻找的，有因找不到孩子而精神失常的，有为了孩子的出走相互责怪而导致家庭离异的，还有为了找孩子而债台高筑的……那么，作为父母又该怎么做呢？

♣ 心理支招：

1. 关注孩子的成长，尤其是孩子的心理变化

父母应经常注意孩子的心理变化和需求，很多孩子的出走往往都是出乎父母意料之外的。

如果孩子犯了错误，要善于引导他们，要指出问题的严重性，提出解决的办法，使之自觉改正错误，而不应该横加指责。这样，长此以往，孩子就会因为逃避罪责而离家出走。

2. 不要过多地干涉孩子，否则只会适得其反

专家建议，家庭教育对孩子影响相当大，孩子的第一任老师是父母，不少孩子离家出走是由于缺乏与父母沟通。因此，父母在平时要加强与孩子的交流，不要强迫孩子去做一些事，给孩子自由成长创造空间。比如，如果孩子不喜欢弹钢琴，那么，你就应该尊重孩子的想法。另外，对于孩子的学业，也不应该过多干预，青春期的孩子已经开始认识到学习的重要性，整天唠叨与叮嘱反而让孩子反感。

3. 帮助孩子增长见识，使其正视社会诱惑

父母可以让孩子经历一些挫折和磨难教育，让孩子吃一些苦。家里的家务，孩子能做得到的，应让孩子去做。

根据孩子的年龄主动让他们到社会去闯，做错事的时候可能不少，父母要抓住这一机会指点孩子，并继续让孩子去做，错了再指点直到圆满完成。这有利于培养孩子的勇气、自信心、责任感，使孩子健康成长。可以说只要孩子意志坚强，离家出走是不会发生的。

4. 真诚接纳归家的孩子

如果孩子离家出走，但又自己回来，那么，父母一定要好好与其沟通，并安慰在外受苦的孩子，让孩子感受到家庭的温暖，把矛盾缓和了，

问题也就解决了。而事实上，有些父母却对回来的孩子恶语相向，甚至打骂，让孩子再次选择离家出走。对此，专家建议，"父母的恰当做法是，应为孩子提供一个安定、和谐、温馨的家庭氛围，先让孩子一颗纷乱的心安定下来，慢慢地讲清道理，让孩子从'出走'的失误中懂得人生"。

到了青春期，孩子好像总是躲着父母

◎父母的烦恼：

张老师最近遇到一个家长，这位家长在离学校不远的某单位上班，她每天都等张老师下班，然后和张老师一起回家。其实，张老师明白，她是想跟她儿子的老师多聊聊。

一路上，张老师总是听到她在埋怨她的儿子，基本都是情绪发泄。而其中很重要的一条就是，她的儿子自从上了初中后，好像开始把家只当成一个睡觉的地方，也很少和父母交流，平时让他做什么，也开始敷衍了事。

张老师一直听着，等到她讲完后，张老师就反问她："其实，你遇到的这个问题，我听不少家长说过。孩子一到青春期后，独立性增加，他们比从前更需要肯定和理解，先不说这个，您说说您儿子的优点吧。"

"张老师，您真会开玩笑，他哪有优点，他身上都是缺点。"

"是吗？您儿子是我的学生，我比较了解。你儿子学习成绩很好啊，对人很有礼貌，长得也很帅，乐于帮助人，等等。"听完张老师的话，她频频点头。

"现在，您应该知道您的儿子为什么不和您说心里话了吧。作为家长，只有把孩子当朋友，了解孩子，理解孩子，尊重孩子，并看到孩子的闪光点，和孩子心连心，孩子才会愿意和你打开心扉。"

从那天以后，这位家长再也没为儿子找过张老师了。

日常生活中，很多父母都对这些青春期的孩子疏远、躲避而感到苦闷。一方面父母很想帮助自己的孩子，一方面孩子根本不和父母说心里话。如果父母不了解孩子，又怎么能让孩子对你敞开心扉呢？

是不是我孩子天生就不和父母说心里话呢？恐怕也不是。一般孩子不愿和父母说心里话大概都是从青春期开始的。

孩子到了青春期后，开始渴望参与成人角色，要求独立、得到尊重。他们一反以往什么都依赖成人、事事都依附老师和家长的心态，不再事无巨细样样请教将家长了，也不再敞开心扉，什么都可以公开了。他们开始有了自己的"小天地"，开始希望有自己的朋友圈子，因为这个时候的孩子出现了心理闭锁，他们更愿意对同龄人说心里话，而不愿对成年人说心里话。而最重要的是，他们希望自己的这些变化都得到父母的承认。

所以，有时候孩子躲着父母，不是孩子不想与父母说心里话，而是他们的这些变化没有得到父母的理解和尊重，甚至一些孩子每次与父母谈心里话都不同程度地受到伤害，慢慢地就与家长疏远了。

♣ 心理支招：

1. 理解孩子，给他们最贴心的帮助

有一位上初三的女孩子，学习成绩优异，人缘也很好。有一天她收到同学的一封求爱信，心里很惊慌，于是，她就把信交给了妈妈，本想从父母处求得解脱的方法，没想到妈妈却用"苍蝇不叮无缝的蛋"恶语相伤。从此后，孩子再也不和父母讲心里话了。

父母此时不该是轻易地责备孩子，而是要感悟孩子，然后给予她需要的帮助。青春期的孩子虽然渴望独立，但却不是完全的独立，很多时候，他们希望父母能帮助自己，而有些父母的态度却让他们退却了。

2. 沟通时考虑孩子的干涉，尽量避免与孩子冲突

既然是沟通，肯定会有产生意见分歧的时候，尤其是与青春期孩子交

流，他们的情绪容易冲动，稍有不慎，便会导致孩子产生逆反心理，引发抵触情绪并有碍沟通交流。所以，与孩子沟通，一定要注意考虑孩子的感受，尽量避免冲突。如果产生了冲突，也要让自己冷静下来，立即采取适当方式主动停止争辩，待双方冷静后，再来开导孩子效果会好得多。

3. 父母可以主动向孩子吐露心声

沟通是双向的，要想让孩子畅所欲言，让孩子打开心扉，首先父母就要抛弃只听不说的偏见，放下架子，让孩子了解自己，才能消除神秘感和沟通障碍，与孩子平等地交流，做孩子的朋友。

当然，向孩子吐露心声重在"吐露"，而非"诉苦"或者"责怪"。生活中，的确有一些父母，经常对孩子谈及自己的生活和工作状况，但却达不到与孩子沟通的效果。他们会经常说："你个不争气的，我这么辛苦为了谁，还不是为你？我一天在外面多辛苦，你知道吗？"这是诉苦，是责怪，孩子并不会因为父母的这几句话而明白父母的艰辛。相反，在父母的负面情绪中，他们感受不到家庭的温暖和爱，会更叛逆和无法管束。

总体来说，父母既要关心孩子的学业成绩、生活起居，更要关注孩子的内心需要以及品德、行为习惯的培养，做孩子的知心朋友，了解其心理发展的过程，为其提供所需要的成长环境，使其获得更多的力量与信心，才能与孩子一起成长！

换个沟通方式，青春期的孩子最烦父母的唠叨

◎ 父母的烦恼：

大宝是某中学高二的学生，也是一个三口之家的独生子。他就是家里的"小皇帝"，爸爸妈妈生怕他遇到什么不开心或者委屈的事。可以说，除了工作外，他们把所有的精力都投入到大宝的身上，而大宝也一直感觉

自己很幸福。可是一上中学后，特别是到了高中，大宝的爸妈发现，儿子变了很多，好像心里总是有很多秘密似的，而儿子也不主动与自己沟通，这让他们很担忧。他们努力想改善现在的关系，于是，在大宝生日那天，他们特地带着大宝去了他最喜欢的自助餐厅。

来到餐厅后，妈妈取了很多大宝最爱吃的食物，然后和爸爸一起对大宝说："生日快乐！"他们本以为大宝会开心地一笑，没想到大宝很冷淡地说了一句："谢谢！"这让他们很意外。

"为什么，你不开心吗？记得你小时候最喜欢我们给你过生日了！"妈妈疑惑地问。

"没什么，吃吧！"大宝依旧低着头，轻声说。

"大宝，你要是遇到什么学习上的问题，一定要跟妈妈说。"妈妈继续说。

"真的没什么。"大宝已经有点不耐烦了。

"可是你今天真的很不对劲啊，你要是不跟我说的话，明天我去学校问老师。"

"你怎么总喜欢这样啊，烦不烦？"大宝的分贝提高了很多。

这时，爸爸打破了母子之间的尴尬，笑呵呵地说："我们儿子长大了啊！儿子说说，今天在学校都发生了什么新鲜事儿啊？"

大宝抬起头，淡淡地说："没什么事儿，每天都一样，上课、下课。"爸爸不知如何接口，饭桌上一片沉默。

我们发现，这段亲子间的对话，毫无效果，其实原因是多方面的。作为母亲，大宝的妈妈在沟通技巧上还有待学习与提高：干巴巴的道理唠唠叨叨个没完没了，讲话的语气咄咄逼人，这都会让孩子觉得你很烦，自然不愿与你继续交流。

作为父母，我们都知道，青春期对于一个孩子来说，就如同暴风雨的夜晚，他们既"多愁善感"又"喜怒无常"，感情细腻又多变，因此，需要父母的呵护。一个不小心，孩子就可能学习成绩下滑、早恋或者结交一些不良朋友等。因此，父母都会对孩子的一举一动相当敏感，总是担心他们这个做不好，那个弄不好的。其实父母应该相信孩子，给孩子独立的空间。有时孩子的一些行为，父母不认同，其实只要不是原则上的错误，不如让孩子自己去碰碰钉子。

其次，父母忽视的一点是，这一阶段孩子的独立性增强，总希望得到他人的承认和尊重，希望摆脱父母的约束，渴望独立。他们不愿意再像"小孩子"一样服从家长和老师，他们希望获得像"大人"一样的权利。因此，青春期的孩子，最讨厌的就是父母的唠叨。他们会觉得父母很啰唆！

父母本来应是孩子最愿意倾诉衷肠的对象，可到了青春期，这种情况往往就改变了。父母的问候变成了唠叨，甚至招来孩子的厌烦。虽然处于这个时期的孩子渴望倾诉，渴望理解，但他们更像一个个锋芒毕露的刺猬，这就为父母与孩子沟通造成了很大的障碍。那么，父母在这种情况下应该怎么做呢？

♣ 心理支招：

1. 少说话，善于察言观色

日常生活中，父母对孩子的关心不一定全部要通过语言，不妨学会察言观色，从一些小细节上发现孩子细微的变化。

另外，即使与孩子交流，父母也要对孩子的反应敏感些。孩子对谈话内容感兴趣时，可将话题引向深入，一旦发现孩子有厌烦情绪，就应立即停止，或转移话题，以免前功尽弃。另外，即使找到交流的话题，也应力求谈话简短有趣、目的明确，切忌啰唆，以免造成切入点选择准确，但交流效果不佳的情况。

2. 用"小纸条"代替你的唠叨

沟通不一定是"用嘴说"，用小纸条也是不错的方法。

小杰是个单亲家庭的孩子，他的母亲在他三岁的时候就去世了。他的父亲就身兼母职，独自抚养小杰。父亲因为经常出差，出门前总会在冰箱上留一个便条："里面有一杯牛奶，三个西红柿，请不要忘记吃水果。"

在写字台上留张条："请注意坐姿，别忘了做眼保健操等。"

多年以后，小杰考上了大学，父亲为他整理东西时，竟然发现他把这些纸条全揭下来并完整地夹在书本中。父亲的眼睛一下子湿润了——原来孩子的情感之门始终是向自己敞开的，对自己的关爱也始终珍藏在心底。

3. 关心孩子不一定非得询问学习状况

2007年《钱江晚报》曾经发表过一个有关调查，结论是："在与孩子沟通的问题上，家长指导孩子学习的占70%，这就是问题的症结所在。"孩子的成才应该是全方位的，只抓孩子的学习，对孩子全面发展是极易产生负面的"蝴蝶效应"。这些，是对任何年龄阶段的孩子实施家庭教育过程中都应该避免的。

为此，作为父母，若想和孩子沟通，就需要多关注孩子除了学习外的其他方面。如果你的儿子是个球迷，那么，你可以默默帮孩子搜集一些信息，孩子在感激后自然愿意与你一起讨论球技、赛事等；如果你的孩子爱唱歌，你可以在节假日为孩子买一张演唱会门票，相信你的孩子一定备受感动，因为他的父母很贴心、明事理。

这种类型的交流是"润物细无声"式的，它没有居高临下的威迫感，极具亲和力，孩子也容易打开心扉，接受与父母的交流。

当然，让孩子打开心扉，与孩子交流的方式、方法远不止这些。但总的原则是：一定要让孩子觉得父母是在真正地关心他，并且是从心底里关心的那种。

讲讲自己的经历和心里话，让孩子理解父母的苦心

◎ 父母的烦恼：

童童是小区有名的听话的孩子，很多家长都想向童童妈请教一下怎么教育孩子，因此，童童家经常会有一些邻居叔叔阿姨来串门。这不，楼上

的王阿姨又来"取经"了。

"你说，我们大人这么辛苦，还不都是为了孩子，为什么孩子们似乎都不理解呢？有什么心事也不跟我们说，长大了，我们也管不了，哎……"

"其实吧，孩子是渴望交流的，但实际上，往往是我们家长摆在了长者的位置不肯下来，孩子无法感受到平等，自然也就不愿意与我们交流了。"

"那怎么才能让孩子开口呢？"王阿姨问。

"想要让孩子开口，我们就得先开口，主动向孩子倾诉，让孩子也了解我们的感受，沟通是双向的嘛。像我们这样的中年人，在单位工作压力很大，工作了一天，回到家里，真的很累，有时就不想说话。甚至还免不了受一些闲气，心里很窝火，脸色不自觉地就有些难看。但我现在总在进门之前提醒我自己：调整好心态，当孩子开门迎接你的时候，给她一个笑脸。等自己心情好点的时候，我们晚上会坐在一起，我主动开口，说自己在单位的那些事儿，童童一般都能理解我的感受，她有时还会来安慰我。只有先主动倾诉，才会让孩子觉得你容易亲近，才会愿意与你倾诉。如果你冷落孩子，根本不理他，他就会到外面去找能安慰他的人。为什么有的小孩子会结交不良少年，会早恋？原因当然很多，但我觉得其中根本的一点，就是缺少家庭的关怀，缺少亲情的温暖。不过，这也是我个人的想法。"

王阿姨听完，连连点头，看来，童童妈的话对她起到作用了。

孩子进入青春期后，很多父母会抱怨："孩子上了初中以后，一天与我们说话都不到三句，跟我们的关系越来越疏远，就喜欢跟同学泡在一起。由着他们这样自由交往，不变坏才怪！"这时期的孩子，逐渐从幼稚走向成熟，从依赖走向独立，从家庭走向社会并逐步适应社会。可以说,这一时期的孩子是最让父母操心、担心和伤脑筋的。他们拒绝与父母沟通。但有时候并不是孩子的过错，而是父母的态度让他们欲言又止。而聪明的父母，在向孩子"施爱"的时候，还懂得"索爱"，因为他们懂得，沟通是双向的，让孩子打开心门的第一步就是先开口坦诚自己的内心，让孩子了解自己。

另外，讲讲自己的心里话，也可以让孩子懂得感恩。不少父母在

"爱"的问题上，只尽"给予"的义务，不讲"索取"。这时，父母的爱就会贬值，孩子们会觉得父母的爱是应该的。有时候父母扛着生活艰辛的担子，只要孩子好好学习，哪怕再苦也值得，而孩子根本不理解。孩子一般不理解父母，很多时候是因为父母不给孩子了解的机会。当孩子知道父母的辛苦后，感恩心会油然而生，学习的动力也就更明确了。

♣ 心理支招：

作为父母，当孩子进青春期后，要顺应孩子的生理和心理的成长，在教育方法上也要做出调整，把孩子当成朋友，而不是小孩子，应该平等地对话、交流内心世界。具体来说，父母应该做到：

1.孩子已经长大了，有一定的担当能力

父母首先要把孩子当做一个完整的、独立的个体来对待，而不是自己的附属。孩子虽然还处在成长的阶段，但已经具备了一定的解决问题的能力。因此，不要认为：孩子还小，不能让他知道的太多，会影响到孩子的学习等。孩子是家庭成员之一，当你与孩子共商家庭计划时，孩子会感受到被尊重。当他再遇到成长中的问题的时候，也愿意拿出来与父母一起"分享"，共同找出解决问题的办法。

2.孩子遇到难题时，告诉孩子你是怎么做的

慢慢长大的孩子一定会遭遇青春期，慢慢变老的父母一定会和青春期的孩子"过招"。当孩子怒火燃烧的时候，父母切忌火上浇油、自乱阵脚，可以运用的一种方法叫以柔克刚。抱怨、不屑的言语只是孩子在表达自己对事、对人的看法，只是还有待找到最合适的方式，父母需要等待。也就是说，无论孩子的情绪如何，作为父母，一定要心平气和，先平息孩子的情绪，然后再告诉孩子自己曾经是怎么做的。

总之，虽然处于青春期的孩子渴望倾诉，渴望理解，但因为顾及自己"成人"的面子，他们不愿意轻易打开自己的心扉。作为父母，就要找到正确解决这一难题的方法，主动与孩子沟通，帮助孩子成长！

第 6 章

青春期的孩子难交流，父母这样给予引导和鼓励

沟通，是解决一切教育问题的良药。沟通是亲子关系升温的基础，离开了沟通，所有的教育都将无从谈起。孩子在青春期后，既不同于儿童，也不同于成人，他们的最大特点是生理上蓬勃的成长、急剧的变化，随之带来的是他们的独立意识的增强。他们也渴望进入成人的世界，希望得到成人的尊重。作为父母，只有从孩子的心理角度出发，了解孩子身心发展的特点，才能找到与孩子沟通的关键，才能更好地帮助孩子，使他们更加健康快乐地成长。

与叛逆期的孩子交流，别一味地教训

◎ 父母的烦恼：

杨小姐是一名心理咨询师，她最近遇到了这样一个家庭：

妈妈是某公司的老总，她能把公司管理得井井有条，但对自己的儿子，她却用"无能为力"来形容。因为不管她说什么，儿子总会与她对着干。在无奈的情况下，她才找到了心理咨询师。杨小姐试着与这个孩子沟通，但出乎她的意料，这个孩子很合作。

"为什么总是与妈妈做对？"

他直言不讳地说："因为妈妈总是像教训、指挥员工一样来对待我，我都感觉自己不是他儿子，所以我总是生活在妈妈的阴影里。"

这时，杨小姐终于明白了，一定是这位妈妈用错了教育方式。于是，她把这对母子请到一起，当着孩子的面把孩子刚才说的话讲给了她听。妈妈听后非常诧异，过了一会儿，她十分激动而又真诚地对儿子说："儿子，你和我的员工当然是不同的，妈妈希望你更出色！"

听完这句话后，杨小姐立即给予纠正："您应该说'儿子，你真棒，在妈妈心里你是最优秀的，我相信你会更出色'。"

这位母亲不明白为什么要纠正，杨小姐说："别看这是大同小异的两段话，其实有着很大的不同：前者是居高临下的指挥，后者是朋友式的赞美和鼓励。我觉得您在教育孩子上，不妨换一种方式，多一些引导，和孩子做朋友，而不是教训孩子！"

这位母亲听完，若有所思地点点头。

其实，这位母亲的教育方式在中国很典型，对于孩子，他们多以教训和指挥的口气来教育，例如：

"你这个笨蛋，成绩怎么总是在中游徘徊呢！"

"不就是考了前五名吗，什么时候考个第一名让我看看！"

"这段时间你确实有进步，不过不要夸你两句就骄傲呀！"

这些话会自觉不自觉地流露出对孩子的俯视和责备，孩子长期生活在父母的教训中，会失去学习的动力和激情，而对于父母，他们也只能"唯恐躲之而不及"。尤其对于进入青春期的孩子们，在父母长期的打击下，他们要么"反击"，要么"忍受"，这对孩子的成长都是不利的。

事实上，做父母的也有父母的苦衷。谁不愿意自己的孩子生活在快乐中，谁愿意在这样残酷的竞争中去拼命？可怜天下父母心，没有谁希望训斥自己的孩子。为了孩子能在未来的社会竞争中站稳脚跟，父母常常有意识无意识地教训孩子。但实际上，这种教育方法并没有多少成效。当然，子女教育没有标准答案，每个孩子都很特别，都需要父母去特别对待。对于青春期的孩子，父母要做的是引导，而绝不是教训。

因此，父母要在内心里把自己和孩子放在平等的地位，把他看成是家庭中很重要的一个成员来对待，遇到问题也要和孩子多商量商量，对孩子多加引导。要尊重孩子，尊重他的人格，尊重他的意见，不可动辄训斥有加，那样只会使孩子离你越来越远。

♣ 心理支招：

1. 给自己"洗脑"，摒弃传统的家长观念

要想使自己与孩子的关系更加亲密，让孩子乐意与自己"合作"，父母首先要做的就是给自己"洗脑"，即打破那种传统的家长观念，不是去挑孩子的毛病，而是不断使自己的思维重心向这几个方面转移：孩子虽然小，但也是个大人了，他需要尊重；我的孩子是最棒的，他具备很多优点；允许孩子犯错误，并帮助孩子去改正错误……

2. 放下长辈的架子，与孩子平等沟通

有些父母为了维护自己在孩子心中的地位，而刻意与孩子保持距离，从而使孩子时刻都感觉到家庭气氛很紧张。亲子之间存在距离，沟通就很

难进行，在没有沟通的家庭里，这种紧张的气氛往往就会衍化成亲子之间的危机。

因此，父母不能太看重自己作为长辈的角色，因为长辈意味着权威和经验，意味着要让别人听自己的。但事实上，在急速变化的多元文化中，这种经验是靠不住的。不把自己当长辈，而是跟孩子一起探索、学习、互通有无，这种做法可使在孩子的教育和沟通上变得更加自由和开明了。

3. 让孩子"有话能说"，自己"有话会说"

父母与孩子交流时，要坚持一个双向原则，让孩子有话能说。比如，在交流的时候，无论孩子的观点是否正确，你都应该给予赞赏，然后可以批评指正，这样可以鼓励孩子更大胆、更深入地交流。同时，作为父母，更要有话会说，同样的道理，采用命令的口吻和用道理演示达到的效果是不一样的，很明显，后者的效果会更好。如果能用通俗易懂的话说明一个深刻的道理，用简明扼要的话揭示一个复杂的现象，用热情洋溢的话激发一种向上的精神，孩子自然会潜移默化，受到感染，明白父母的苦心。

总之，父母一定要丢弃要求孩子"这么做，那么做"的固有观念，同时也要丢弃把孩子赶向特定的方向的强迫观念。同时，尤其是在孩子遇到困难或遭受挫折时，父母更应适时地拿起激励和表扬的武器，减少孩子遇到困难时的畏惧心理和失败后的灰心，增强他们成功的信念，而不是训斥和责备，然后，再和孩子一起讨论确定克服困难或弥补过失的途径和办法。父母对孩子的理解和尊重，必然有利于问题的真正解决，有利于两代人的沟通！

青春期孩子的心事需要被倾听

◎ 父母的烦恼：

似乎上了初中以后，小伟变得越来越不听话了，经常在学校惹事，他的爸爸也经常被老师请去。这不，小伟又在学校打架了。回家后，爸爸并没有训斥孩子，而是心平气和地把孩子叫到身边。

"我知道，老师肯定又把你请去了，我今天是少不了一顿打。"儿子先开了口。

"不，我不会打你，你都这么大了，再说，我为什么要打你呢？"爸爸反问道。

"我在学校打架，给你丢脸了呀。"

"我相信你不是无缘无故打架的，对方肯定也有做的不对的地方，是吗？"

"是的，我很生气。"

"那你能告诉爸爸为什么和人打起来吗？"

"他们都知道你和妈妈离婚了，然后就在背地里取笑我。今天，正好被我撞上了，我就让他们道歉，可是，他们反倒说的更厉害了，我一气之下就和他们打了起来。"儿子解释道。

"都是爸爸的错，爸爸错怪你了，以后别的同学那些闲言闲语你不要听，努力学习，学习成绩好了，就没人敢轻视你了，知道吗？"

"我知道了，爸爸，谢谢你的理解。"

可以说，小伟的爸爸是个懂得理解与倾听孩子心声的好爸爸。孩子犯了错，他并没有选择粗暴的责问、无情的惩罚，而是选择了倾听。倾听之中，表达了对孩子的理解，让孩子感受到了爱、宽容、耐心和激励。试想，如果他在被老师请去学校以后就大发雷霆，不问青红皂白地将孩子打骂一顿，结果会是怎样呢？结果可能是父子之间的距离越来越远，孩子的叛逆行为也可能越来越明显。

但现实生活中，这样的父母又有多少呢？随着现代社会生活步伐的提速、竞争压力的加大，作为父母，为了能给孩子一个优越的生活环境，常常由于工作忙碌，而忽视了与孩子多沟通，陪孩子一起成长。父母是孩子的第一任老师，也是孩子接触时间最长的朋友。在孩子成长的过程中，最需要的就是父母的关心，最愿意与之交流的也是父母。尤其是在孩子进入青春期以后，这种交流应该更为需要。因为这期间，孩子的自我意识加强，渴望脱离父母的束缚。如果缺少父母的理解，那么，亲子关系就会越发紧张，甚至对孩子的成长还会产生不利影响。

可见，父母不愿倾听、理解孩子的最终结果可能是失去了"倾听"的机会。常有父母这样抱怨：真不知道我家孩子是怎么想的，总是不肯好好听我说话。对此，父母应该反问自己：作为父母，你有没有听过孩子说话？父母把大量的时间用来批评和教育孩子，却忽略了倾听。父母应该做的不仅仅是为孩子提供良好的物质生活环境，同时，应该去倾听孩子的内心，让彼此间的心灵更为亲近。

♣ 心理支招：

1. 摆正姿态，放下架子，让孩子感受到尊重和平等

生活中，很多孩子说："每次，我想跟爸妈谈谈心，刚开始还能好好说话，可是爸妈似乎都是以教训的口气跟我说话，我还没说完，他们就开始以父母的身份来教育我了，我真受不了。"其实，这些父母就是不懂得如何倾听。倾听的首要前提就是要和孩子平等地对话，这才能达到双向交流的作用。和孩子发生矛盾在所难免，但要等孩子把话说话，再提出解决的办法，这才会让孩子感受到尊重。

作为父母，一定要放下架子，主动与孩子交流，然后认真倾听，只有让孩子体会到父母对自己的尊重，孩子才能更加信任父母，达到和父母以心换心、以长为友的程度。在这种条件下，孩子对父母完全消除隔膜、敞开心扉，培养的过程因此将成为一种非常美好的享受。

2. 弃成见，孩子的想法未必不正确

作为父母，很多时候会认为孩子的想法是不对的，甚至是不符合常规的。抱着这样的心态，在倾听孩子说话的时候，父母会有一种先入为主的想法，会把孩子的话摆在一个"幼稚可笑"的立场，孩子自然得不到理解。其实孩子也是人，孩子也有一个丰富的心灵，父母要特别注意倾听他们的心声。

3.善用"停、看、听"三部曲

当孩子产生一些不良情绪时，做父母的就要察觉出来，然后主动接触孩子，运用"停、看、听"三部曲来完成亲子沟通这个乐章。"停"是暂时放下正在做的事情，注视对方，给孩子表达的时间和空间；"看"是仔细观察孩子的脸部表情、手势和其他肢体动作等非语言的行为；"听"是专心倾听孩子说什么、说话的语气声调，同时以简短的语句反馈给孩子。

可能孩子做的不对，但作为父母，不要急于批评孩子，应该在倾听之后，对孩子表达你的理解。在孩子接纳你、信任你之后，你再以柔和坚定的态度和孩子商讨解决之道，从而激励孩子反省自己，帮助他从错误中学习成长。

其实，每一个孩子尤其是青春期的孩子都希望得到父母的理解。因此，从现在起，每天哪怕是抽出2小时、1小时，甚至是30分钟都好，做孩子的听众和朋友，倾听孩子心中的想法，忧其所忧，乐其所乐。当孩子有安全感或信任感时，就会向其信任的成年人诉说心灵的秘密。这样，才有可能经常倾听到孩子的心灵之音，孩子才会在父母的爱中不断健康地成长，快乐地度过青春期！

与青春期的孩子沟通，要选择恰当的时机和环境

◎ 父母的烦恼：

程先生是一名单亲父亲，他在自己的一篇日记中写下了和儿子沟通的过程：

今天我又和儿子谈了很多，自从和他妈妈离婚后，我深感到和孩子沟通的困难，他似乎总是对我存在偏见。但经过这些天的沟通，他似乎理解我了，我也更深刻地明白了，和孩子沟通真的需要寻找最好的时机。以

前，我去和儿子聊天，儿子总是一副不耐烦的样子，我还感叹和他的沟通怎么这么难。现在才明白，原来是我选的时机不对。就像这一次，一开始，我是在客厅和他谈的，他正在看电视，就不可能太注意我的谈话，能搭几句就不错了。等到我们一起包饺子的时候，很安静，也没有别的事打扰，儿子就和我聊了很多，这是以前无法想象的。

而儿子的有些事也是我从来不知道的，包括以前老师对他做的一些事。还有，他告诉我，他要是考不上很好的大学，就出去干点什么，这是他从来没告诉我的，也是他对自己的将来做的打算。我就非常认真地告诉他，我会完全支持他做的决定。不过，现代社会，只有知识才是永恒的竞争力，书是要读的。他好像听懂了，连连点头。

和儿子聊了很多很多，我对儿子有了更深的了解。我也更有信心，儿子是非常优秀的，在许多事上虽然想得不全面，却有自己的见解。我知道，只要我坚持和孩子沟通，我和儿子之间的关系会越来越好，孩子的身心也会健康成长。

现代家庭，代际沟通似乎越来越困难。很多父母感叹："现在的孩子真是很不像话，小学时候还好，尤其是进入青春期后，自己的主意一下子多了起来，好好地同他讲道理，他却不以为然，道理比你还多，有时还把父母的话看成是没有意义的唠叨，总之一个字——烦！他嫌我们烦，我们因他的烦而烦，一天话也说不上几句了。"

问题在哪里？是孩子的问题，还是父母的问题，还是沟通方法的问题？也许孩子不是一点问题没有，但更多的问题可能出在父母身上。作为父母，你反思过没，你曾是否愿意与孩子倾心长谈一次呢？在孩子小的时候，你一般会用故事、音乐、聊天来哄孩子入睡，等孩子长大了，你是否还愿意抽出时间与孩子交流呢？如果在孩子入睡前你们能一起坐下来清理一天的"垃圾"，不让忧愁过夜，这是不是一种积极的生活态度呢？有一位教育家说过："父母教育孩子的最基本的形式，就是与孩子谈话。我深信世界上好的教育，是在和父母的谈话中不知不觉地获得的。"如何做有效的沟通，是父母需要学习与探讨的。

♣ 心理支招：

1. 选择一个合适的场所

有些父母认为，和孩子说话，当然是选择家里了。其实，也不一定，如果家中无外人则可。但如若有外人在场，则应考虑孩子的自尊心和感受。

那么，什么场合适于和孩子的谈话呢？当然，这也视具体情况而定。如果你是要鼓励和赞扬孩子，可以选择人多的场合，让大家都看到孩子的成绩，如果你的孩子容易骄傲的话，则应排除在外；如果涉及隐私问题，或者指出孩子的失误、缺点或者批评孩子的话，则应该在私下里，选择没有外人在的场所。因为在无第三者的环境中更容易减少或打消其惶恐心理或戒备心理，从而有利于谈话的进行。这样还可以避免当众伤害孩子的自尊心，利于孩子说出心里话，加强父母和孩子之间的沟通。

另外，如果父母需要和孩子静心交流、和孩子谈心，则应该选择一个平和安静、风景美丽的地方。因为这样的地方，可以让彼此心平气和，情绪稳定，心情舒畅，易于接受对方的意见。比如利用周末或假期，带孩子到公园或风景游览区，一边游玩，一边说说悄悄话，这样的沟通和交流一定会起到很好的效果。

2. 选择一个恰当的时机

选择好的时机进行谈话是非常重要的，否则谈话达不到预期的目的。

一般情况下，解决问题，越快越好，如果事情拖延下去，问题就会沉淀。

另外，从时间上来说，如果父母需要和孩子交流一个严肃的话题，不要选择孩子放学回家刚放下书包的那段时间，因为一天下来的疲劳使人难以集中注意力，也不好控制自己的情绪。生理规律告诉我们，下午5点~7点是生理活动最低点，迫切需要补充营养，恢复体力。而晚饭过后，心情逐渐开朗，这是与孩子分享家庭幸福、进行沟通的比较好的时机。

从心理需求上来说，在孩子心理上最需要帮助和鼓励的时候是恰当的时机，如果在此时谈话和他沟通效果会好得多。

总之，父母和孩子沟通，一定要选择恰当的谈话时机和环境，这有助于给沟通创造一个良好的谈话氛围，心平气和地解决教育问题。同时，父母还应记住，即使再忙，每天都该匀出一点时间来和子女进行沟通！

赏识教育，青春期的孩子需要父母的语言鼓励

◎父母的烦恼：

夏雨是个可爱的女孩，但成绩却极差，尤其是到了初中后，更成了班级中的后进生，这令她的父母很是头疼。她的妈妈对老师说："自打孩子上学以来，我都被弄得心力交瘁了。她经常被老师留下，我为了她的学习，辞了工作，每天为她做早餐、收拾书包、检查作业、辅导功课，但事实上，我的努力并没多少效果。她一点也不听话，我真不知道该怎么办了。"

看着一脸无助的夏雨妈妈，老师说："其实，夏雨是个聪明的女孩，只是她对学习提不起兴趣而已，所以自觉性才差。如果我们能换一种教育方法，多鼓励她，我想她会进步的。"夏雨妈妈仿佛一下子看到了希望。

后来，妈妈开始对女儿实行赏识教育，无论孩子考得再差，她也会鼓励孩子："乖女儿，你这次好像又进步了，以后如果也像这样，该有多好。妈妈相信你。"夏雨露出了惭愧又充满信心的表情。

除此之外，夏雨的妈妈在孩子遇到学习中的问题时，也会将心比心地说："你会做这道数学题已经很不错了，妈妈那时候，做数学检测，一百道题才能答对三十道题。"

后来，当妈妈再次去学校开家长会时，老师对她说："夏雨现在学习很努力，上课经常主动发言呢，课堂上总能够看到她举手回答问题，她颇有见地的发言，也让同学们对她刮目相看了。课间她不再独处了，座位边也围上了同学。"听到老师这么说，妈妈很欣慰。

从这则故事中，我们得出，父母一定要好好运用"积极暗示"这个法宝。

心理学家曾经做过一个关于"青春期孩子最怕什么"的调查，结果表明：孩子最怕的不是生活上苦、学习上累，而是人格受挫、面子丢光。的确，青春期是人格形成的重要时期，孩子们已经开始有自己的独立意识，但却尚未形成，也开始在意别人的评价。而他们最在意的是父母的看法。

从这里，我们也可以发现，父母对孩子的期望态度一样会影响孩子。如果你认为你的孩子是优秀的，那么，他就会按照你的期望去做，甚至会全力以赴地让自己变得优秀起来；而反过来，如果你总是挑孩子的缺点、毛病，那么，他们就会产生一种错觉：我不是好孩子，爸爸妈妈不喜欢我，我好不了了。因此，父母积极的期望和心理暗示对孩子很重要。

对于青春期的孩子来说，他们最亲近、最信任的人是他们的父母。因此，父母对他们的暗示的影响是巨大的。如果他们长时间能接受到来自父母的积极的肯定、鼓励、赞许，那么，他们就会变得自信、积极。相反，如果他们收到的是一些消极的暗示，那么，他们就会变得消极悲观。

所以父母一定要好好运用"赏识"这个法宝，不要因为孩子做好了、学好了是应该的事而疏于表扬。渴望被人赏识是人的天性，大人们也是如此。就连美国著名的作家马克·吐温先生也曾经说过："凭一句动听的表扬，我能快活上半个月。"

可能很多父母会问：我该怎么夸孩子呢，总不能一天到晚说"好啊，乖啊"。这里就谈到了赏识教育的中心话题，即鼓励孩子，让孩子在"我是好孩子"的心态中觉醒，同时一定要注意表达的方式和内容。

♣ 心理支招：

具体来说，父母的赏识必须满足以下两个要求：

1.真实的

赏识教育一定要不动声色，一定不能被别人发现，不能太虚伪。首先它必须是真实的，并且是自然流露出来的，不是直接说出来的。

2.具体的、细节化的

有时有的父母虽然也给予了孩子一些赞美，但是由于心理的标尺太高，高于孩子的现实，夸奖时常喜欢加一条小尾巴。比如说："你做这件事很对，但是……"父母自以为很聪明，先拍后扬，让孩子高高兴兴地接受教训。其实，孩子对这类表扬很敏感。他会认为"噢，他原来就是为了后面一段话才假惺惺地表扬我几句。"因此，对孩子表扬要真诚大方，讲究实效，讲究细节。

批评要适度，青春期的孩子自尊心强

◎父母的烦恼：

牛女士一直在国外工作，她的女儿琳达也就一直住在外婆家里。就在前年，琳达上了初中后，牛女士意识到孩子教育问题的重要，就回国了。这两年以来，母女俩相处得不错，可是琳达似乎总是对母亲畏惧三分。最近，牛女士准备让琳达参加全国小提琴大赛，当她问女儿的想法时，没想到女儿这么回答："妈妈，我不想参加。"

"能告诉我原因吗？"

"没为什么，就是不想参加。"琳达的回答让牛女士很不高兴。

"为什么？你还好意思问。你这两年住在家里，这孩子一点都不高兴，无论是考试，还是大大小小的比赛，只要琳达发挥得不好，你就责怪。她已经十五岁了，是有自尊的。我只知道我那个活泼、自信、开朗的外孙女已经不见了，这孩子现在一点自信都没有，还参加什么小提琴大赛？"在厨房干活的琳达外婆生气地对女儿说了这一番话，牛女士若有所思。

为人父母，除了给孩子生命，还需要教育他们。孩子犯错了，批评管教少不得。而孩子的心灵是脆弱的，父母批评教育孩子，千万不能伤害孩子的自尊。

同样，对于自我意识逐渐增强的青春期孩子来说，他们有很强的自尊心。父母对孩子的任何批评，都必须要讲方法。如果孩子一犯错，父母就采取谩骂、呵斥的方式，那么，不但不能让孩子接受并改正错误，还会给家庭生活带来很多困扰。

心理专家告诉我们：在批评和尊重之间，了解孩子的承受能力，并选择适合的批评方式，会帮助父母找到平衡，但父母必须掌握以下几个在批评孩子时说话的原则。

♣ 心理支招：

1. 任何时候都不要随意惩罚孩子

打骂会对孩子的心理造成损伤吗？答案是：当然！父母不能把自己对孩子失败的烦恼发泄在孩子身上，更不能当着外人的面打骂或嘲笑挖苦孩子。父母应该时刻牢记，自己应该始终给孩子坚强的拥抱。如果以恶劣的态度对待孩子，一来会激发孩子的逆反心理，二来会打击孩子脆弱的心灵，更糟糕的是，孩子还会怀疑父母是否真的爱他。

2. 注意时间和场合

批评孩子尽量不要在清晨、吃饭时、睡觉前。在清晨批评孩子，可能会破坏孩子一天的好心情；吃饭时批评孩子，会影响孩子的食欲，长此以往会对孩子的身体健康不利；睡觉前批评孩子，会影响孩子的睡眠，不利于孩子的身体发育。

3. 冷却自己的情绪

孩子犯了错，特别是犯了比较大的错或者屡错屡犯时，做父母的难免心烦意乱，情绪波动会比较大，很可能会在一时冲动之下对孩子说出不该说的话，或者做出不该做出的举动，这都可能会对自己和孩子产生极为不良的影响。

4. 先进行自我批评

父母是孩子的第一任老师，孩子所犯错误，父母或多或少都有一定的责任。在批评孩子之前，如果父母能先来一番自我批评，如："这事也不全怪你，妈妈也有责任"；"只怪爸爸平时工作太忙，对你不够关心"等，会让父母和孩子的心理距离一下子拉得很近，会让孩子更乐意接受父母的批评，还可以培养孩子勇于承担责任、勇于自我批评的良好品质。一举多得，父母又何乐而不为呢？

5. 一事归一事

在批评孩子的时候，父母要明白自己的批评，是为了让孩子知道，做什么样的事会带来什么样的后果，而不是为了伤害让孩子或给让孩子打上"坏孩子"的标签，这样就不会给孩子造成心理阴影。

6. 给孩子申诉的机会

导致孩子犯错的原因是多种多样的，有孩子主观方面的失误，但也有可能是不以孩子的意志为转移的客观原因造成的。从主观方面来说，有可能是有意为之，也有可能是无心所致；有可能是态度问题，也可能是能力不足等。

所以，当孩子犯错后，不要剥夺孩子说话的权利，要给孩子一个申诉的机会，让孩子把自己想说的话和盘托出，这样父母会对孩子所犯的错误有一个更全面、更清楚的认识，对孩子的批评会更有针对性，也让孩子能心悦诚服地接受自己的批评。

7. 父母在批评孩子方面要形成"统一战线"

要知道，父母一个唱红脸，一个唱白脸，其实对孩子的成长是不利的。因为如果这样，当孩子犯错后，他们所想的不是如何去认识和改正错误，而是积极去寻求一种庇护，寻求精神的"避难所"，他们甚至可能因此变得肆无忌惮，为所欲为。所以，当孩子犯错后，父母一定要保持高度一致，共同努力，让孩子能正视自己所犯的错误并努力去改正自己的错误。

8.批评孩子之后要给孩子心理上一定的安慰

父母在批评孩子后，应及时给孩子一些心理上的安慰，从语言上来安慰孩子，比如说些"没关系，知道错了改正就行"；"爸爸妈妈也有犯错的时候，重新再来"之类的话。

总之，作为父母，如果你希望孩子能坦然面对失败，勇敢面对挫折，首先要做到的就是端正好自己的态度！

试着与青春期孩子使用非语言沟通

◎ 父母的烦恼：

有一天，小区几个孩子的母亲在一起聊天。

其中一个母亲说："最近我们机构要组织一个训练营，其中有很多内容是我以前都没听说听的，其中，就有一个和孩子使用非语言的交流方式。"

"那是什么啊？"

"在孩子小的时候，我们都愿意去抱抱孩子，亲亲孩子。那时候，孩子与我们的关系是那么的密切，小家伙们一天都离不开妈妈。可是，现在，孩子长大了，我们照顾孩子的时间少了，可孩子离我们也远了。我们还记得每天晚上在孩子睡觉前亲一下他的脸颊吗？当孩子受到挫折时，我们有给孩子一个安慰的拥抱吗？"

"是啊，似乎我们把这些都遗忘了，我们要拾起那些我们遗失的爱，孩子肯定还会重新回到我们的怀抱的……"

"是啊，那赶快去吧，明天训练营就要开课了，你们肯定会受益匪浅的。"

的确，当孩子还小的时候，父母会特别留意孩子，会留意孩子的声调、面部表情、动作、姿势等，会用自己的行动表达对孩子的爱。可当孩子进入青春期，不再是儿童后，做父母的，反倒把这种表达爱的方式搁浅了。而这种细微的变化，很多父母都没有注意到，孩子也离父母越来越远。大多数情况则是，孩子甚至产生叛逆的情绪。很多父母抱怨说："都说孩子进入青春期之后就容易'较劲'，但我发现我家孩子对别人都是好好的，一回到家里就专门跟我们对着干，就好像他的'较劲'对象主要就是我一样。"事实上，没有教不好的孩子，只有不好的教育方法。只要方法妥当，任何孩子都是优秀的；只要用心，总能找到合适的教育方法，而孩子更需要的是父母的爱和关心。

语言是沟通的常用工具，但人类除了语言，还有其他的交流工具，那就是身体语言。一颦一笑甚至一个眼神，都体现了某种情感、某个想法、某个态度。

很多人认为语言的交流方式提供了大部分的信息，事实上，语言学家艾伯特·梅瑞宾的研究表明：人与人之间的沟通高达93%是通过非语言沟通进行的，只有7%是通过语言沟通的。而在非语言沟通中，有55%是通过面部表情、形体姿态和手势等肢体语言进行的，只有38%是通过音调的高低进行的。

由此可见，非语言信息在沟通过程中是多么重要。然而，一份社会调查却显示：在亲子之间的沟通中，非语言沟通常常被忽视。当然，这一现状的造成也与孩子有很大的关系。

事实上，很多父母一直采用错误的非语言沟通方式与孩子交流，例如经常向孩子发脾气、拍桌子、摔东西等，这些都会被孩子理解成你极度嫌弃他的信号。这些非语言行为都是拒绝沟通的信息，因此它更会阻碍亲子之间的沟通，破坏亲子关系。

♣ 心理支招：

1.尝试接收孩子的非语言信息

当孩子小的时候，我们会留意孩子的一举一动，生怕孩子有什么不

"对"的举动。当孩子不吃、不睡、不玩或精神不如平时集中时，父母都会去推测，或者去直接感觉孩子的情绪状态反映了些什么，表达出了对孩子的关心和爱护。可是，当孩子进入青春期后，父母除了关心孩子的学习成绩外，似乎不愿意再去体察孩子的内心世界了。其实，青春期的孩子，也有用语言表达不出来的思想感情。有的时候，出于自尊心或是别的一些原因，孩子并不愿意或认为没有必要用语言说出他们的思想感情，但他们又很想让父母明白他们的意图，这时，他们就会改用另一种表达方式对父母进行暗示。因此，生活中，父母一定要注意孩子的无言的行为，来识别或弄清孩子的动机或基本情绪。其实，凭借着细致与耐心，做到这些都不是困难的。

2. 尝试着用非语言表达对孩子的爱

举一个很简单的例子：如果你的女儿取得了一个好成绩，做父母的，需要赞扬、鼓励她。这时，如果父母单纯地用语言与孩子沟通，告诉孩子："女儿，你真棒，妈妈因为你而骄傲！"她也会很高兴，但是这种高兴劲也许没过多久就被她忘记。如果父母运用非语言与她沟通，微笑地走向孩子面前，给她一个拥抱，然后再告诉她："女儿，妈妈为你骄傲。"这样，她将永远也不会忘记妈妈对她的赏识和鼓励。

身体接触往往比语言能更好地表情达意。有时候，哪怕你一个鼓励的眼神和微笑，都会让孩子充满无穷的动力。因此，在生活中，尝试着用非语言的方式与孩子沟通吧。但你还需要注意以下三点：

第一，尝试以身体接触代替言语交流。

第二，有些孩子不喜欢太多的拥抱，别强迫这样做。尝试寻找其他与之亲近、感受亲密、向他示爱的方式。

第三，当身体接触的习惯已经消失，在睡觉前或看电视，甚至只是紧挨着孩子坐时，轻轻抚摸他的前额、脑袋或手，可以使身体接触的习惯重新回到你们家中。

曲径通幽，从孩子的好朋友开始了解其心理变化

◎ 父母的烦恼：

蕾蕾与丹丹是很好的朋友，从小一起长大，又进了同一所初中。蕾蕾与丹丹的性格不大一样，蕾蕾性格内向，不怎么喜欢交际，但什么都跟丹丹说。上了初中以后，蕾蕾与丹丹走得更近了。

最近一段时间，蕾蕾妈妈发现蕾蕾变得很奇怪，除了吃饭时间，她几乎不出自己的房间门。不仅如此，她对妈妈的态度十分冷淡，有时候，妈妈跟她说上半天话，她才会勉强答一句。

周末，丹丹来找蕾蕾玩，趁着女儿下楼买水果的空子，蕾蕾妈妈悄悄问丹丹："丹丹，蕾蕾这几天怎么了，对我好像有很大意见呀。你们是好朋友，她一定告诉你了。"

"阿姨，蕾蕾是告诉我了，可是我不知道该不该告诉你？"丹丹有点难为情地说。

"只有你告诉我了，我才知道问题出在哪里，才能使蕾蕾摆脱烦恼呀。你愿意帮助你的好朋友吗？"

"是这样的，阿姨，我们已经都长大了，也有自己的隐私了，也懂得自理了，尤其是内衣和袜子，她希望自己可以洗。她曾暗示过你好多次，但你好像都没有明白她的意思。"

蕾蕾妈妈这才恍然大悟，怪不得上次还发现女儿把内衣放在被子里，原来是要自己洗。这下，她知道如何调节与女儿之间的矛盾了。

这种情况可能很多父母都遇到过。聪明的父母，当和孩子无法沟通时，会懂得从孩子身边的朋友"下手"，找到和孩子之间的症结所在。事例中的蕾蕾妈妈就是个聪明的家长，当她发现女儿有心事而拒绝与自己沟

通时，她选择了向女儿的好朋友丹丹求助，这不失为一个沟通的良方。

可能很多父母都发现了，孩子进入青春期以后，似乎一夜之间变了，变得好像与父母相隔千里，过去无话不讲的孩子突然不说话了，避免交谈。下学后回到家，就一头扎在自己的屋子里，甚至宁愿把那些心事告诉陌生的网友，也不愿意与父母交流。对此，很多父母不解，更多的是不知所措。

孩子出现这些情况是有原因的，包括生理上的和心理上的。进入青春期后，他们再也不是天真无邪的儿童了，他们有了成长的烦恼；同时，来自学习的压力、父母的期望，这些都会对这个并不成熟的孩子产生压力。于是，他们需要发泄，需要向他人倾诉。但是他们不好意思向父母诉说这些事情。而且，就算他们愿意向父母诉说，大部分父母也都不能以正确的态度对待孩子的这些问题。听到孩子这些"心事"，他们要么会训斥孩子"不务正业"，要么会嘲笑孩子，总之会使孩子很尴尬。所以，这些孩子宁愿把"心事"讲给陌生人听，也不愿意告诉父母。

国外心理学家通过一项对两万多名青春期孩子的研究也发现：孩子在12岁以前很愿意与父母交谈他们的想法，但之后却有明显的变化，尽管父母对孩子的态度一如既往，但孩子有了问题和想法，他们更多地会与朋友交谈。因此，与孩子的好朋友保持沟通，是一个父母可以掌握青春期孩子心理变化的巧妙方法。

人以群分，同龄的孩子之间往往有更多的语言，他们面临的是同样的学习环境，成长中共同的烦恼，因而他们都愿意与朋友或者同学倾诉自己的心事，因为他们会得到理解。因而，青春期的孩子们一般都会很注重友谊，不愿意把朋友托付给自己的秘密透露给他人。可见，父母要想和孩子的朋友沟通、了解孩子的内心，是需要下一番工夫的。

♣ 心理支招：

1.晓之以理，动之以情，让孩子的朋友了解你善意的动机

和事例中的蕾蕾妈妈一样，当丹丹不肯"出卖"朋友告诉自己的秘密

时，她以一句"只有你告诉我了，我才知道问题出在哪里，才能使蕾蕾摆脱烦恼呀。你愿意帮助你的好朋友吗？"这样的理由打动了丹丹，因为她也希望可以帮助丹丹。孩子都是单纯的，当他了解你善意的动机后，一般都会愿意与你"合作"，为自己的朋友解决问题。

2. 尊重孩子的隐私，有些秘密不可窥探

我们提倡父母与孩子的好朋友保持沟通，并不是要父母去窥视孩子的秘密。青春期的孩子拥有秘密是很正常的事情，父母即使知道了这一秘密，也不可指出来。这样，孩子会体会到你对他的尊重。有时候，他可能会愿意主动谈及自己的某些秘密，而不需要你通过他的朋友了解。

3. "秘密"沟通，绕开孩子，了解他的心理变化

和孩子的朋友保持沟通，并不是监视孩子，而是了解孩子的心理变化，以便及时对孩子引导。对此，父母最好不要让孩子知道。因为孩子并不能理解父母的良苦用心，甚至会激怒他，他们之间的友谊就会产生危机。此时，你的好心可能就办了坏事。

其实，他们的秘密之所以不愿意让父母知道，是因为父母总是用高高在上的姿态去教育他们。但如果父母换一种姿态，不是高高在上的指导者，而是地位平等的朋友，也许孩子就会把自己的小秘密告诉父母。所以，父母与孩子好朋友保持沟通的目的，是增加了解孩子心理变化的渠道，为做孩子的知心朋友打下基础。

第⑦章

青春期的孩子情绪易变化，引导孩子走出内心不安

处在青春期的孩子正处于人生的岔路口，他们有着敏感的神经，这种敏感针对于他们周围的每一个角落。他们可能动不动就发脾气、焦躁不安、伤心等，此时，父母决不能用言语暴力去激化矛盾，而应该在孩子的这一极端时期扮演"消防员"。父母应该放下架子，主动和孩子聊天，了解他们的心理状况。如果发现问题，最好以建议的方式引导他们，通过关爱他们给予孩子稳定感，帮助孩子疏导青春期的种种情绪！

"未来的路该怎么走"——对未来的茫然让孩子焦躁不安

◎父母的烦恼：

梅女士的女儿叫湘湘，今年上初三。湘湘最近总是失眠，晚上熬到三点多才能勉强睡去，可是，一会儿又会自己醒来。上课的时候，湘湘也开始注意力不集中，老师讲的内容听不进去，大脑一片空空。一回到家，她又会心情非常烦躁，紧张不安，感觉无聊，脑子始终昏沉沉的。无奈之下，梅女士带着女儿来看某心理医生。

经过心理医生了解，原来湘湘这种焦躁不安的心理来源于她对未来的茫然。梅女士自己出生于一个书香世家，对女儿一直管教比较严格。而对于湘湘来说，父母的苛求逐渐转化成她对自己的标准。她所接受的暗示是"只有自己表现得尽善尽美了，只有有一个光明的前程，父母才会满意，我才会拥有他们对自己的爱"，所以一直以来湘湘都不敢放松，努力追求完美的目标。但在最近的几次阶段性考试中，湘湘考得并不好，这让湘湘很担心，自己的成绩会不会一直这样下降下去？就这样，紧张与不安让湘湘变得压抑、敏感，并开始失眠。

湘湘的情况并不是个案，很多青春期的孩子都遇到过，父母也为此担心。青春期对于任何一个孩子来说，既是快乐的，又是艰难的，快乐在于他们终于长大了，而同时，他们又不得不面临很多问题。

青春期是每个人孩提时代与未来生活的交接处，这个阶段的孩子常因为对未来的茫然而焦躁不安，常感到茫然不知所措。这一旅程充满了成为成人必须完成的任务，其中重要的两项：①人际交往方面变得成熟；②找到未来事业的方向。

青春期这个阶段是儿童向成人转变的过渡阶段。在这个阶段，有关自己和社会的各种信息纷至沓来，需要经过不断地思考，最后确定自己的生活目标。青春期的孩子认识到，他们不仅是老师的学生，父母的孩子，还必须给自己定位，即搞清楚"我是谁？""我以后要成为谁，我要做什么"——这是在青春前期已开始但需要在整个青少年时期才能完成的任务。

　　青春期的孩子渴望和外界接触，渴望交朋友。但他们同时也明白，青春期是每个人长大为成年人的关键一步，一步没走好，这辈子都是阴影。因此，他们要努力学习，不让父母失望。但实际上，他们会思索，学习是为了什么？学习好就一定能生活幸福吗？……当众多问题纷至沓来的时候，他们变得不安了、焦躁了……

　　处在青春期的孩子们，思想较为叛逆，什么事情都不爱跟父母沟通，总是认为自己长大了，自己的事情可以自己处理，什么事都憋在心里，长久下去就出现情绪低落。于是，很多父母感叹：我该怎么帮助我的孩子？

♣ 心理支招：

　　1. 先肯定孩子的想法，然后加以引导

　　孩子在谈自己未来的打算或理想时，为人父母者，不要因为说法的"幼稚"或不符合自己的"口味"而轻易去否认。不论是什么理想，父母都应该给予充分的肯定，并要恰当地告诉他实现这一理想必须具备的知识。比如，一个男孩儿，说他长大了想当一个司机，许多母亲就会呵斥孩子说："没出息，当什么司机？"或者一个女孩儿，说她长大了要当护士，有的父亲就怒目而视："你怎么净想干伺候人的活儿？"其实，孩子的想法是单纯的，并且随着时间的推移和成熟度的提高会不断改变。这时候，正确的方法是告诉他，做司机需要懂许多许多机械原理知识、地理知识，好司机需要会讲外语等；而做好护士相当不容易……孩子是在鼓励声中长大的，如果他的理想总是无端地遭到父母的反对，久而久之，这个孩子将度过平庸的一生，他从此再不肯奢望未来。

　　2. 让孩子体验成功，激发孩子学习的动力

　　任何人都希望可以成功，在成功中，人们更能明确自己的目标。因

此，当孩子取得了哪怕再小的进步的时候，作为父母，也要予以鼓励。在得到好的评价后，孩子会继续朝着目标努力。如果父母总是打击孩子的积极性，恐怕任何孩子都会在以后的困难面前退缩。

3. 指导孩子了解社会，让孩子的目标与理想具备可行性

青春期的孩子，可能在规划自己的人生的时候，会显得不切实际，这是因为他们不了解社会。父母一定要帮助孩子了解时代的特点，让他们感到未来社会，只有具备一定的知识的人才是人才，才能实现自己的价值，同时，也才能为社会贡献力量。这样才会使孩子感到学习是一种需要。需要产生动机，动机促使行动，才能使孩子以顽强的毅力、高度的自觉性和责任感努力学习。

的确，青春期是一个可以为未来做打算的时期，是一个为你十几岁的孩子将要离开家开始独自生活做好准备的时期。作为父母，应该审慎地对待这一点：让孩子自己做决定，放弃自己的权威，并帮助孩子对未来做出一些规划，让其坦然面对现在！

孩子到底是怎么了——理解青春期孩子情绪的不稳定

◎ **父母的烦恼：**

崔女士在一家私企当主管，手下管着几十个人，所以，工作很繁忙，免不了回到了家还带着在单位工作的情绪。

这不，她回家看见丈夫居然在看报纸，也不做饭，就有点不高兴了："蕾蕾一会儿回来饿了怎么办？你怎么不做饭？"

"我怕我做的饭，不合你们母女俩意，那不找骂吗？"丈夫一脸委屈的样子，她也就没说什么了。

"爸妈，我饿了，怎么还不做饭？"这时，蕾蕾正好回来了。看见爸妈没做饭，她不高兴了，一把把门摔上，看自己的书去了。

"这孩子怎么了，现在怎么脾气这么坏了？小时候可不是这样，越长大越不好管了啊？我去跟她评评理，这是什么态度？"崔女士很生气，正想冲进女儿的卧室，教育女儿一下，被丈夫一把拉住。

"孩子这个年纪，情绪不稳定是正常的。我们大人也不例外，你刚刚回家，不也是这样吗？我们要理解呀……"崔女士觉得是这么个理儿，火也就消了。

任何人都是有情绪的，包括喜、怒、哀、乐、恐惧、沮丧等。因为人是情绪的动物，人的情绪也是与生俱来的。但到了青春期，情绪变化得会更快。青春发育期作为一生中迅猛发育的时期，形态、生理、心理都在急剧变化，特别是生殖系统的突变，会给孩子带来不少暂时性的困难。同时，他们要求独立的意识也随之加强。于是，孩子会像一匹脱缰的野马，那些情绪也随之四处乱撞。可能刚刚那个活泼开朗的孩子一下子就变得变得闷闷不乐、喜怒无常、神神秘秘了。

孩子长大了，很多父母知道为孩子增加丰富的食物营养，却不太注意这个时期的孩子内心世界的变化和需要。父母对于孩子多变的情绪，也无从理解，这导致孩子最终与自己的距离越来越远，也会很容易产生父母子女关系的对抗。很多孩子发出感叹："为什么爸妈不理解我？"

因此，当孩子进入初中以后，作为父母，就要体贴和帮助孩子，要对孩子身心发展的状况予以留意，对他们某些特有的行为举止要予以理解并认真对待。认识到青春期的特点，理解孩子，才能和孩子做朋友，帮助孩子渡过这个"多事之秋"！

那么，作为父母，当你们对孩子的情绪予以理解以后，又该怎样帮助孩子顺利梳理好情绪呢？

♣ 心理支招：

1. 告诉孩子"降温处理法"

"情绪"之所以称之为"情绪"，就是因为它一般是"一时兴起"的。在这种情况下，不管做什么事情，都是不理智的、欠缺考虑的。所以，作为父母，当孩子产生情绪后，你不妨先不理他，这既可以让你自己先冷静下来，也给了孩子一个考虑的时间，避免了在气头上把本想制止孩子不听话的行为变为"不信我就管不了你"的较量和在孩子身上发泄怒气，也不给孩子因"火上加油"造成继续发作的机会。

其实，这是一种心理惩罚。孩子会发现，自己的这种情绪完全是没有道理的。当孩子的情绪"温度"被降下来以后，你再告诉他你这样做的目的是为了不让他冲动，然后让他也学会这种情绪调节的方法，以此帮助他提高自我制约能力。

2. 做好表率，在生活中多寻找情绪的出口

家庭气愤的融洽与否，直接关系到孩子的情绪自我控制能力。如果在一个家庭中，父母动不动就大发雷霆，或者父母脾气暴躁，那么，是培养不出一个自我情绪控制良好的孩子的。因为父母解决问题的方法、对他人的态度会潜移默化地影响孩子，孩子从他们身上接纳的是消极的处事策略，久之，好发脾气、我行我素等不健康的个性就会在孩子身上显现。所以，在家庭教育中，父母要想成为孩子的朋友并用自己的言行积极地影响孩子，就必须首先改变自己。当你要发脾气之前想想身边的孩子，控制住自己，换一种方式解决问题，也为自己找个情绪的出口；当你的脾气难以克制，已经发出之后，对身边的孩子说声："对不起，我错了！"……

3. 培养孩子理智的个性品质

每个孩子与生俱来都有着不同的个性特点，但不管哪一种个性的形成都是一个渐变的过程。有些孩子把什么够挂在脸上，做事冲动、情绪易怒等。如果父母对于孩子的这种个性品质听之任之，那么，孩子就会把父母的容忍当成武器。而如果父母在生活中能够对孩子晓之以理，让孩子从各个方面了解做事情绪化的危害，那么，孩子也就能慢慢学会控制自己的情绪，逐渐变得理智、成熟起来了。

以上是几个简单的能帮助青春期孩子调节情绪的方法，但前提是，作为父母，一定要理解孩子。如果父母经常用指责训斥的粗暴方法压制孩子，容易使孩子产生逆反心理，他们会以执拗来对抗粗暴、发泄不满，同样

不利于孩子控制情感和自己的行为，也会使孩子任性。父母和孩子做朋友，用理解、劝导的方式来指导他们，他们一定可以快些度过这一情绪多变期！

"总是没法集中精神学习"
——帮助孩子缓解青春期焦虑症

◎ 父母的烦恼：

宋女士的儿子小伟15岁。马上要中考了，孩子一直努力学习。但最近，她却发现孩子好像精神恍惚，束手无策的她带着孩子来心理诊所看医生。

在医生的指导下，小伟说出了自己的状况：

"从初中三年级开始，我就出现了心理问题，主要表现为每到复习考试临近期间，就紧张焦虑，还伴有较严重的睡眠障碍。

我在重点中学学习，自幼有良好的学习习惯，记忆力也很强，遵守纪律，尊敬师长，因而深受老师的器重。

因为老师器重我，所以只要市里、区里或学校里有竞赛活动，不管是什么竞赛，老师都要选派我去参加。为此，我的学习负担十分沉重，我感到精神压力很大，简直不堪重负。老师当然是一片好心，我也认为应当对得起老师，因而深恐竞赛失利，对各科的学习都抓得很紧很紧。但在心底深处我对这种竞赛性的考试很反感，对数理化的竞赛更是头疼至极。而老师却总是对我说，这是莫大的荣誉，是学校和老师对我的重视。我也只好硬着头皮强记强学强练。每逢竞考，'战前'的几天我都要死背硬背、苦练苦算到深夜。

有天晚上，我正在背第二天竞赛科目的内容，恰逢邻居在请客喝酒，猜拳行令的声音很大，吵得我无法看书。我又急又气，心中烦躁至极。就是从那个时刻，我心头产生了强烈的怨恨：一恨老师总让我参加各种竞考，使我疲惫不堪：二恨隔壁的人整夜吵闹，扰乱了自己的复习；三恨母亲不该让我留在市里读这个使人疲于应付的重点中学。在这种焦虑怨恨的情绪状态下，我一夜也没睡着，第二天在考场上打了败仗。而且从此就经常失眠、多梦，梦中总是在做数理的竞赛题，要不就是梦见在竞赛时交了白卷。而且，我开始上课集中不了精神，总是开小差，考试成绩也一次比一次差。为此，我很苦恼，我该怎么办？我还要参加中考呢？"

小伟的这种情况属于青春期焦虑症。焦虑症即通常所称的焦虑状态，全称为焦虑性神经病。

那么，什么是青春期焦虑症呢？焦虑症是一种具有持久性焦虑、恐惧、紧张情绪和植物神经活动障碍的脑机能失调，常伴有运动性不安和躯体不适感。发病原因为精神因素，如处于紧张的环境不能适应，遭遇不幸或难以承担比较复杂而困难的工作等。

焦虑症的病前性格大多为胆小怕事，自卑多疑，做事思前想后，犹豫不决，对新事物及新环境不能很快适应。

处于青春期的孩子向来是焦虑症的易发人群，他们的生理与心理都处于人生的转折点。许多孩子在这一期间，会变得异常敏感，情绪不稳，由于身心都没有发育成熟，往往无法正确排解自己的不良情绪。青春期焦虑症就是一种常见的心理疾病。

青春期是人生的转折点，身体上的变化也给孩子的心理带来一些冲击，他们会对自己的身体产生一种神秘感，甚至不知所措，他们可能因此自卑、敏感、多疑、孤僻。青春期焦虑症会严重危害孩子的身心健康，长期处于焦虑状态，还会诱发神经衰弱症。那么，作为父母，该如何指导青春期的孩子缓解青春期焦虑症呢？

♣ 心理支招：

我们可以传授给孩子以下几种心理疗法：

1. 自我暗示

自我治疗和心理暗示是治疗青春期焦虑症的最有效的方法。青春期的孩子，在日常的学习和生活中，不免会遇到一些不愉快的事。这时，你可以告诉孩子这样自我暗示：树立自信，正确认识自己，相信自己有处理突发事件和完成各种工作的能力，坚信通过治疗可以完全消除焦虑疾患。通过暗示，每多一点自信，焦虑程度就会降低一些，同时又反过来使孩子变得更自信。这个良性循环将帮助孩子摆脱焦虑症的纠缠。

2. 分析疗法

事实上，青春期孩子的焦虑症很多是由于曾经发生过的事带来的情绪体验，从而影响到潜意识。因此，要想这些被压抑的潜意识消失，父母可以帮助孩子做自我分析，分析产生焦虑的原因，或通过心理医生的协助，把深藏于潜意识中的"病根"挖掘出来，必要时可进行发泄，这样，症状一般可消失。否则，孩子会成天忧心忡忡、惶惶犹如大难将至，痛苦焦虑，不知其所以然。

3. 转移孩子的注意力

焦虑症的孩子发病时脑中总是盯紧某一目标，然后胡思乱想，坐立不安，痛苦不堪，此时父母可帮助孩子转移注意力。如孩子胡思乱想，你可以找一本有趣的能吸引人的书读，或带领孩子从事他喜欢的娱乐活动，或进行紧张的体力劳动和体育运动，以帮助其忘却痛苦。

当然，如果孩子心理治疗无效，就要在医生的指导下服用相应的药物。总之，青春期焦虑症对孩子学习、生活、人际交往等都产生了十分消极的影响。父母必须引起重视，以帮助孩子尽早从焦虑的阴影中走出来！

"我就是不想被老师管"——老师的管教让孩子反感

◎父母的烦恼：

严先生五年前就离婚了，那时候，他的女儿小雅才8岁，而转眼，女儿已经上初二了。人们都说单亲家庭的孩子难管教，严先生现在才知道。而严先生最担心的是小雅的学习，因为小雅严重偏科。通常来说，小雅在语文和英语这两门课上，都能考到高分甚至经常拿第一名，但对数学却一窍不通。即使严先生经常告诉小雅："学好数理化，走遍天下都不怕。"但小雅对数学还是提不起兴趣。后来，严先生通过了解才知道，小雅最讨厌班上的数学老师，而这件事，则因为半年前数学老师对女儿的一次管教。

那天，严先生急急忙忙下班回家就开始做饭，稍后，女儿回来了。一进门后，女儿就把书包重重地摔在桌子上，严先生不解："怎么了，这么大脾气？"

"没事，做你的饭吧，我不吃了。"说完，女儿又拿着书包回了房间。

晚上，无论严先生怎么哄，女儿都不肯吃饭。

严先生这才想起来，自打那次之后，女儿好像就不怎么做数学题、看数学书了。

可能很多青春期的孩子都被老师管教过，大部分的原因都不外乎上课不听课、打架、考试成绩差等。但这个年龄段的孩子，一般都不服老师的管教，这也就是为什么小雅会因此大发脾气。

那么，青春期的孩子为什么不服老师的管教呢？

1. 青春期孩子的逆反心理

在青春期到来之后，他们生理的变化也带来激烈的心理震荡。当他们把目光从外部世界转向内部世界以后，发现自己已不是原先的"我"了，儿童时代的"我"变成了一个全新的"我"了。他们发现不但身体不是"我的"，就连个性也不是"我的"，而是父母、老师和其他人造就的。于是他们生气了，随之便与原来的"我"决裂，要求摆脱父母和老师的束缚，要求独立、自主，从原先的一切依赖中挣脱出来，寻求真正的自我，独立意识空前强烈。因此，如果老师管教他们，他们就会觉得又做回原先的"我"了。

2. 老师"不恰当"的管教

这里的"不恰当"，一般指的是老师对学生的误解，比如，误认为孩子偷了东西或者片面地认为孩子打架的原因在一方。

另外，很多中学老师还沿用小学时候的"保姆式"的管教方式。而很明显，青春期的孩子渴望独立，很容易对老师的这种教育方法产生反感情绪。

3. 繁重的课业负担

青春期的孩子一般都已经进入中学，学习强度要远远高于小学。课程增加、科目众多、难度增大、课时加长、作业增多，如果跟不上这种强度的变化，也会让孩子对老师产生逆反心理，进而不服老师的管教。

学习是孩子生活中最主要也是最重要的部分。但如果孩子不服老师的管教，甚至出现一些负面情绪，那么，很可能会导致其对学习产生厌烦情绪，甚至厌学等。因此，父母一定要做好孩子的心理疏通工作。

♣ 心理支招：

1. 稳定情绪，即使孩子已经燃起怒火

要做到这一点，父母需要不断提醒自己：孩子的行为并非针对个人。青春期孩子就是一个易激动、脾气坏的群体，因此，即使孩子把坏情绪带到家中，你也要给其发泄的机会，而不应该硬性压制。避免争吵，对于情绪中的孩子，争吵只会激化矛盾。

2. 为青春期的孩子创造安全的家庭气氛

可能孩子会觉得，被老师惩罚是一件很丢人、伤心的事。此时，你要让孩子知道，家庭是一个保护他的地方、一个温暖的港湾。而创造一个安全的家庭气氛对青春期的孩子至关重要。

你可以鼓励孩子："看得出来，今天你受了委屈，能跟妈妈说说吗？"这句话，会让你的孩子感受到你的关心和理解。

3. 和老师沟通，弄清事情原委

如果孩子只是做作业不认真或者上课开小差等，并无大碍；而如果孩子违纪或者做出一些出格的事，就需要引起注意，父母要密切观察孩子的举动，以防孩子走上歧途。

总之，对于那些青春期的孩子，生活中的一点一滴都可能触动他们敏感的神经。作为父母，一定要对孩子多加关心，并及时帮助孩子疏导那些不良情绪！

"总是静不下心来"——青春期的孩子总是心浮气躁

◎ 父母的烦恼：

周六晚上，周女士在小区花园散步，遇到了郑女士急急忙忙往外走，周女士问："您这是往哪儿赶啊？"

"去接苗苗啊，他在架子鼓班学架子鼓，大晚上的，我去接一下。"

"怎么是架子鼓？前几天听您说，苗苗在学钢琴啊？"

"哎，您就甭提这茬了。这孩子，一天一个花样，今天想学这个，明天想学那个，我都被弄糊涂了。"

"孩子到了青春期，心很浮躁，您得帮助孩子克服啊，不要孩子想学什么就是什么，这样没有目的的学，哪里能学得好？"

"你说得对，我原本还以为这是孩子的兴趣所在呢……晚上我去找你，我先去接苗苗了啊……"说完，郑女士就急急忙忙地走了。

青春期是个半成熟的年纪，处于青春期的孩子，心灵深处总有一种茫然不安，让他们无法宁静，这种力量叫浮躁。"浮躁"指轻浮，做事无恒心，见异思迁，心绪不宁，总想不劳而获，成天无所事事，脾气大，忧虑感强烈。浮躁是一种病态心理表现，其特点如下：

（1）心神不宁。面对急剧变化的社会，不知所为，心中无底，恐慌得很，对前途毫无信心。

（2）焦躁不安。在情绪上表现出一种急躁心态，急功近利。在与他人的攀比之中，更显出一种焦虑不安的心情。

（3）盲动冒险。由于集中不安，情绪取代理智，使得行动具有盲目性，行动之前缺乏思考，只要能赚到钱违法乱纪的事情都会去做。这种病态心理也是当前违纪犯罪事件增多的一个主观原因。

可以说，浮躁是孩子成长路上的大敌。比如，有的孩子看到歌星挣大钱，就想当歌星;看到企业家、经理神气，又想当企业家、经理，但又不愿为了实现自己的理想而努力学习。还有的孩子兴趣爱好转换太快，干什么事都没有常性，今天学绘画，明天学电脑，三天打鱼两天晒网，忽冷忽热，最终一事无成。

浮躁心理的产生主要有以下原因：

1. 父母的影响

父母在教育孩子的时候，总是患得患失，心神不安，甚至放纵孩子的错误，而放手让孩子自己成长，又怕孩子受伤害；而在事业上，也有的父母急于脱贫或改变生活的现状，表现出急功近利，出现急躁的心态，这种心理也影响到孩子。

2. 与遗传有关

心理学的研究表明，具有强而不灵活、不平衡的神经类型的人，容易急躁，沉不住气，做事易冲动，注意力易分散。

3. 意志品质薄弱

有的父母只知给孩子灌输知识，却不知培养孩子的意志品质，因而造成有的孩子学习怕苦怕累，做事急躁冒进，缺乏恒心。

为了改变孩子的浮躁心理，父母应指导孩子注意以下问题。

♣ 心理支招：

1. 教育孩子立长志

父母在帮助孩子树立远大理想时，要注意两点：一是立志要扬长避短。有的孩子立志经常不考虑自身条件是否可行，而是凭心血来潮，或看到社会上什么挣大钱，就想做什么工作。这种立志者多数是要受挫的。父母应该告诫孩子，根据自己的特点来确立目标(最好和孩子一起分析孩子的特点)，才会有成功的希望，千万不要赶时髦。

二是立志要专一。俗话说："无志者常立志，有志者立长志。"父母要告诉孩子，立志不在于多，而在于"恒"的道理。要防止孩子"常立志而事未成"的不好结果的产生。正如赫伯特所说："人不论志气大小，只要尽力而为，矢志不渝，就一定能如愿以偿。"

2. 重视孩子的行为习惯

一是要求孩子做事情要先思考，后行动。比如，出门旅行，要先决定目的地与路线；上台演讲，应先准备讲稿。父母要引导孩子在做事之前，经常问自己这样一些问题："为什么做?做这个吗？希望什么结果？最好怎样做?"并要具体回答，写在纸上，使目的明确，言行、手段具体化。二是要求孩子做事情要有始有终，不焦躁，不虚浮，踏踏实实做每一件事，一次做不成的事情就一点一点分开做，积少成多，积沙成塔，累积的最后即可达到目标。

3. 用榜样教育孩子

身教重于言教。首先父母要调适自己的心理，改掉浮躁的毛病，为孩子树立勤奋努力、脚踏实地工作的良好形象，以自己的言行去影响孩子。其次，鼓励孩子用榜样，如革命前辈、科学家、发明家、劳动模范、文艺作品中的优秀人物以及周围的一些同学的生动、形象的优良品质来对照检查自己，督促自己改掉浮躁的毛病，教育培养其勤奋不息、坚韧不拔的优良品质。

另外，在日常生活中，父母还应采取一些措施，有针对性地"磨炼"孩子的浮躁心理。比如指导孩子练习书法、学习绘画、弹琴、解乱绳结、下棋等，有助于培养孩子的耐心和韧性。此外，还要指导孩子学会调控自己的浮躁情绪。例如，做事时，孩子可用语言进行自我暗示，"不要急，急躁会把事情办坏"，"不要这山看着那山高，这样会一事无成"，"坚持就是胜利"。只要孩子坚持不断地进行心理上的练习，浮躁的毛病就会慢慢改掉。

"好朋友就该两肋插刀"——孩子盲目地讲哥们义气

◎父母的烦恼：

这天，某中学初一三班发生了一件令人"震撼"的事。

原来，为期三个月的班干部试用期过了，班主任老师让班上的同学重新选出班干部。结果，对于班长的职务，班上的男生一半选择原来的代理班长，而另外一半男同学，却选戴晓松同学，并且选票完全一致。那天中午，班主任老师让大家再商量一下，下午做出决定，结果，就在午休的半个小时中，班上出现了一场激烈的战斗，要不是班主任老师及时出现，这些男孩子都抄起"家伙"了。而经过了解，原来这两位班长"候选"人，早就在班上培植了一批"小弟"了。其中有几个胆小的男孩对老师透露，其实，他们不想加入的，但又怕被其他男同学鄙视，就加入了。老师是又气又急，现在的孩子，小小年纪，盲目讲哥们儿义气了。

后来，班主任老师请来了几位家长，共同商量怎么解决这事。结果有位家长说："我的儿子学习非常好，这您是知道的，但就是逆反心理特强，不听爸爸妈妈的话。另外，这孩子从小就喜欢看《水浒传》，因此特别注重友谊。今年暑假的时候，他去看了他小时候的玩伴，那个男孩被社会上的人打了，结果我儿子居然买了一把很长的匕首，非要帮那玩伴报仇。要不是我们及时发现，恐怕都已经酿成大错了。老师，这种孩子的心态是怎么样的，我们应该怎么教育呢？"

其实，这些现象在青春期的孩子身上已经不少见，尤其是在男孩子中间。这些孩子，一到初中，随着年龄的增长、视野的开阔，对外界事物所持的态度以及情感体验也不断丰富起来。他们渴望交友，都有了自己的朋友圈子，都有自己的几个哥们儿，于是，相互之间就称兄道弟，并盟誓要有福同享有难同当等，这就是哥们义气。

而"哥们义气"是一种比较狭隘的封建道德观念。它信奉的是"为朋友两肋插刀"、"士为知己死"、"有难同当，有富同享"，即使是错了，甚至杀人越货，触犯法律，也不能背叛这个"义"字。总之，它视几个人或某个小集团的利益高于一切。因而，它与同学之间的真正友谊是截然不同的。

生活中，有些父母认为，孩子有几个铁哥们儿，在学校就不会孤单了。于是，他们放宽了心，把孩子交给了学校，由老师全权管理。当孩子因为打架斗殴被学校处分的时候，才意识到自己的失职。孩子盲目讲哥们义气，很容易误入歧途。那么，作为父母，应该怎样引导孩子理智对待友谊，摒弃哥们义气的行事风范呢？

♣ 心理支招：

1. 告诉孩子什么是真正的友谊，让他认清友谊与哥们义气的不同

青春期的孩子涉世不深，善良单纯，注重友情，与人交往，感情真挚。但毕竟，这些孩子缺乏明确的道德观念，分不清什么是真正的友谊，甚至把"江湖义气"当成交朋友的条件，而使自己误入歧途。

作为父母，应该告诉孩子，友谊应该是人与人之间的一种真挚的情感，是一种高尚的情操，友谊使你赢得朋友。当遇到困难和危险时，朋友会无私帮助；如果有了烦恼和苦闷时，可以向朋友倾诉。

而友谊与哥们义气是不同的。友谊是有原则、有界限的，友谊对于交往双方起到的都是有利的作用，因为友谊最起码的底线是不能违反法律，不能违背社会公德。而"哥们义气"源于江湖义气，是没有道德和法律的界限的，只要为"哥们"两肋插刀，这就是他们所信奉的。友谊需要互相理解和帮助，需要义气，但这种义气是要讲原则的。如果不辨是非地为"朋友"两肋插刀，甚至不顾后果，不负责任地迎合朋友的不正当需要，这不是真正有友谊，也够不上真正的义气。

2.理解孩子的情感，对孩子需要友谊的心情表示认同

那些喜欢讲哥们义气的孩子，相对来说，都缺乏师长的肯定，从而希望在同龄人身上得到别人的赞同。处于青春期的孩子，渴望与人交往，获得友谊，对此，父母要予以理解。你可以告诉孩子："妈妈知道你学习紧张，需要一个朋友倾诉，你可以把妈妈当成好朋友啊！"孩子在得到父母的认同后，也就能与父母坦诚地交流了。

3.培养孩子的是非观念，提高辨别能力

对孩子是非观念的培养是需要一个过程的，父母要以鼓励为主。当孩子有所进步的时候，父母要鼓励、表扬和奖赏他，这样可以使他得到精神上的满足和感情上的愉快，巩固已有进步。孩子做错了，父母不应体罚他，而应进行必要的严肃的批评，耐着性子和孩子说理。

4.教会孩子克制冲动的情绪

有时候，孩子在朋友遇到困难或者不利时，出于义气，他们会不经过思考，做出一些冲动的行为，比如为了朋友打群架等。其实，孩子的想法并没有错，只是太过冲动，有时候好心办了坏事。

对于这种情况，父母应该告诉孩子："你这样做，并不能帮助朋友，冲动起不了任何作用，反而帮了倒忙！朋友有难，你该帮助，但是要选用正确的办法！"你不妨让他先冷静下来，找到解决问题的办法。

"我确实不如别人"——孩子总是情绪低落、自卑

◎ 父母的烦恼：

詹太太的女儿蕾蕾今年刚上初一。上了初中以后，蕾蕾变了好多，不喜欢说话了，周末，也不愿意与以前的朋友一起玩了，一有时间，就把自己锁在房间里。

"蕾蕾很奇怪，她这是怎么了？"詹太太问自己的丈夫。

"我也不知道，最近她好像突然一下子自卑起来了。有一天，她还对我说：'我和以前不一样了，小学的时候，我是尖子生，可是上了初中，班上优秀的人太多了，我成绩不如以前了，连人缘也不好，我都不好意思和彤彤做朋友了，我简直一无是处了！'"蕾蕾爸爸说完这些，长叹了一口气。

接着他说："开学第一周的情景我还历历在目。一下子，作业远比小学时多了很多，而且做完自己还要对答案，判正误，并做改正。每一项家长都要签字。如此下来，晚上十点都完成不了。蕾蕾很不习惯。看着她睡眼朦胧的样子，真是痛苦。蕾蕾甚至说：'爸爸，我是不是变笨了？要是永远上小学多好，中学太难了，作业太多了，老师要把我们累死了，我不喜欢上学！'"

"是啊，孩子上初中了，学习环境变了，学习难度加大了，这种心态的出现是正常的。但作为家长，一定要帮助孩子及时调整好，不能耽误了孩子后面的学习呀！"

"你说得对呀……"

蕾蕾的这种自卑心理，在很多升学的青春期孩子身上都出现过。升学后，孩子的生活环境、学习环境明显改变了。另外，小学时候被老师重视的境况也改变了，自己不再是老师关照的尖子生，周围优秀的同学太多，小学时候的玩伴也有了自己新的生活圈子。于是，这些孩子会变得心情低落并自卑起来，学习失去了兴趣，不愿意与人交往等，成绩也随着下降。父母也经常抱怨："我的孩子以前成绩挺好的，表现也很优秀，为什么现在全变样啦？"其实，很简单，你的孩子需要鼓励，需要重新燃起学习的热情，找到自己身上的优点。因此，作为父母，对于孩子这种低落的情绪，一定不要听之任之，也不能采取棍棒教育，而是要做到"言传"，帮助孩子顺利度过这个心理过渡期。

那么，父母应该怎样让孩子看到自己身上的优点，从而精神饱满地投入到学习和生活中呢？

♣ 心理支招：

1. 让孩子认识到学习难度加大，帮孩子找回自信

比如，如果孩子在小学时是个尖子生，各方面都出类拔萃。而跨入中学后，中学好学生多，大家竞争比较厉害，许多同学成绩不分上下、难分高低，你的孩子学习分数有所下降。这时，你的孩子便会产生一种失去信心的情绪。此时，你可以把他小学的试卷拿出来，让他知道中学的知识和小学的相比有很大差异，并不是他的能力差了。这样，孩子就能正确认识到学习成绩下降的原因了。

2. 鼓励孩子，相信孩子能行

孩子升学后，肯定会感到学习压力。作为父母，不要一味地给孩子施加压力。你不妨多鼓励孩子，告诉他："爸妈相信你，你一定能做到！"

3. 肯定孩子的能力

比如，孩子的学习课程一下子增加了很多，晚上做作业到很晚，有点沉不住气了，开始有点泄气。父母不能严加指责孩子，而应该说："没什么难的，老师留作业多，是把你们当中学生要求了。其实这很正常，只是新环境要适应，过几天就好了。妈妈同事家的孩子，比你完成作业的时间还晚呢！你可比他快多了！"孩子听到父母的肯定，便会精神倍增。父母的肯定是孩子最大的学习动力。在家庭教育中，父母最好不要在孩子面前发表负面意见，多以正面引导。

4. 多寻找孩子的其他优点，转移孩子的注意力

尽管说，学习是学生的天职，但分数并不是最重要的。当孩子成绩不理想时，不要横加指责，更不要要求孩子必须考多少分以上，考第几名以上等等，也不要考试前说你若考多少分、多少名次以上怎么奖励，否则怎么惩罚。分数是重要的，但不是唯一和终极的。

相反，如果孩子没有自信，你更不要过于注重孩子的分数，你要试着在孩子身上找到他其他的优点：比如孩子的动手能力强、孝顺父母、团结同学、热爱劳动等，并举出事例。这样，孩子即使成绩不好，也会有值得自豪的优点，也就不会丧失信心了。

5. 教会孩子总结学习过程中的经验教训，告诉孩子怎样做更好，避免不必要的挫折

失败必定会让这些初中的孩子们感到受挫，尤其是学习上。作为父母，可以告诉孩子一些学习的经验，比如，可以让他把自己容易混淆的概念和容易出错的知识汇总分类进行对比，以强化理解和记忆，同时加强一些基本功的训练。这样，孩子便会一点点进步，也就能逐渐找回自信了；否则，在一次次的失败中，他对自己就更没有信心了。

总之，父母需要明白的是，孩子虽然已经升学了，但毕竟还小，毕竟是处于暴风雨般的青春期，遇到一些小小的挫折，就有强烈的挫败感，一蹶不振，自暴自弃，贬低自我等。作为父母，要帮助孩子找出那些无法代替的优点和潜能，孩子才会逐步自信起来！

第⑧章

别让生理变化困扰孩子，巧妙引导孩子的性问题

随着物质生活水平的提高，现在的孩子生理成熟的年纪越来越提前了。也就是说，他们的心理发育往往滞后于生理发育。青春发育期的生理剧变，会带给青少年情感上的变化。进入青春期后，很多孩子产生了对异性的了解与认识的强烈愿望，性的成熟随之会给他们带来许多心理问题和令人困扰的事情，甚至表现出一系列性心理行为，如对性知识的兴趣，对异性的好感，性欲望，性冲动，性幻想和自慰行为等等，这些都是父母不容回避的事实。此时，父母应该认识到自己就是孩子第一任且是最好的性教育老师，只有及时、恰当地解出孩子这些困惑，孩子才能拨开心中的疑云，健康、快乐地成长。

吾家有女初长成——帮女孩正确认识自己的身体变化

◎父母的烦恼：

费太太有个女儿叫飞飞，今年13岁了。平时，费太太会帮女儿安排好生活上的所有事，因为对女儿的成长问题，她比谁都关心。

这天早上，费太太看飞飞收拾书包上学去，那天明明是飞飞来"好朋友"的第二天，却没有装卫生巾，就提醒她："你不拿'那个'吗？"飞飞爸爸在家的时候，怕孩子尴尬，"那个"就成了母女之间的暗号。

"什么呀？"飞飞爸爸居然问了起来。

"我和女儿说话呢，你别插嘴。"

"不带了，没事儿，我走了。"飞飞怪怪的，没说完就出门了。

到了学校，飞飞坐立不安的，也不上厕所。好朋友洋洋看她不对劲，就过来问，在"好朋友"的事情上，洋洋比飞飞有经验："你是不是'好朋友'来了，不舒服啊？"

"不是，是因为我想上厕所换卫生巾。可是昨天，我去换的时候，有几个低年级的女孩老是看着我，然后还指指点点的，好像我是个怪物似的。我现在一想到厕所里的情形，就不想去上厕所了。所以，早上出门的时候，我故意不多带个卫生巾，想等晚上回去再换。"

"呵呵，你怎么能这样呢？我刚开始也是这样，那段时间，闻到厕所经血的气味我就恶心，更不想在学校换，因为那些低年级的女孩子，什么都不懂，以为我们是做了什么坏事才流血的。其实，没什么，月经又不是什么坏事。相反，不及时更换卫生巾才更容易衍生细菌，容易生病。你一会给你妈打个电话，让她给你送来吧。"

飞飞听完这些以后，就立即给费太太打了电话。青春期的这些女孩们心思还真是多。

晚上回家，费太太把一些卫生巾的使用知识一并告诉了女儿，比如，卫生巾怎么用，多久换一次，卫生护垫能不能天天用等。

月经是女性的一种正常生理现象，青春期女孩伴随着身体的不断成熟，必然会面临月经到来如何处理的问题。月经是指有规律的、周期性的子宫出血。月经初潮是由于女孩子生理发育达到一定程度，子宫内膜在卵巢分泌的性激素的直接作用下出现的剥离出血现象。正常的月经不是通常意义上的出血，可以把经血看成是机体代谢后排出的"废品"。月经又称为月事、月水、月信、例假、见红等，因多数人是每月出现一次而称为月经。近年来，对月经的俗称有所增加，如坏事儿了、大姨妈、倒霉了等等。实际上，月经是青春期女孩的好朋友。

青春期的少女一般对月经没有什么经验，不知道什么时候快来月经了，常常被这"不速之客"弄得措手不及。其实，在来月经前，是有一些生理上的反常的。

由于月经前体内性激素突然减少，会影响全身系统，出现一定的反应。这些反应一般在月经前7~14天出现，来潮前2~3天加重，行经后症状逐渐减轻和消失。医学上把这些变化比较明显的叫经前期紧张症。

当然，对于青春期的女孩来说，她们在身体上的变化还有很多。面对这些变化，她们可能会感到困惑、难以启齿甚至手忙脚乱。作为父母，尤其是母亲，应该帮助孩子正确认识身体上的发育。

♣ 心理支招：

一般而言，女孩子的青春期变化分为以下5个阶段，但是有些孩子可能出现得早些，有些可能晚些，不是完全按照下面的时间表完成的，不必担心。母亲可以告诉女儿：

8~10岁，除了个别早熟的孩子，这个年龄段青春期还未真正开始；还没有出现乳腺发育，也还没有长出阴毛；大多数的女孩对男孩还没有真正的兴趣。

11～12岁，青春期的变化开始出现：乳房开始变大，乳头开始突出，阴部逐渐开始长出阴毛，臀部开始变得更宽；声音与原先相比有些低沉，也可能出现月经。

13～14岁，这时大部分孩子开始出现规律的月经，不再像以往那样长高或者长大得很快，但身体仍然会出现很多变化；乳房和阴部发育得更加丰满。

15～16岁，从现在开始，感情生活发生了显著的改变，男孩成为你关注的重点，你对男孩子越来越有兴趣；同时，你也对自己越来越有自信。

17～18岁，你现在差不多是一个完美的年轻女子了，而不再是一个女孩。身体的各个方面都发育成熟，包括乳房、会阴和臀部，将来不再会有更为明显的改变。同时，你的感情世界则将继续发展，并不断走向成熟。

处于青春期的女孩，因个人体质、遗传因素和环境等很多原因的差异，身体发育的年龄也不同。作为父母，除了要保证女儿的身体营养外，还要做好孩子的心理指导师，从而让女儿坦然接受自己身体的变化。

男子汉是怎样形成的——帮男孩正确认识自己的身体变化

◎ 父母的烦恼：

王先生的儿子王刚今年上初一。但就在这一年的时间内，王先生觉得儿子突然长高了很多，也不像以前那样调皮捣蛋。现在的儿子变安静了，但却总好像心事重重的，有时躲在卫生间不知干什么，有时坐在写字台前发呆，还遮遮掩掩地看些杂志。妻子说："小刚可能是进入青春期，开始发育了，做爸爸的应该跟儿子好好谈谈青春期的问题。"王先生也觉得应该跟孩子好好谈谈，不然看他整天胡思乱想，学习上也会受到影响。可又不知道该怎么跟他谈，谈些什么好？

这天，儿子主动找到王先生，很神秘的样子，在房间窃窃私语。

儿子：爸，我妈不在家吧？

王先生：不在，怎么了？

儿子：我妈不在就好，我是有一些男人的问题要问你，我妈在我怎么好意思问呢？

王先生：男人的问题？什么问题啊？

儿子：我最近晚上老是做梦，梦到一些我不该梦到的事，我觉得很污秽。怎么会这样呢？我是不是和电视上说的那样得了什么心理疾病啊？

王先生：你能跟我说你的秘密，说明你很信任爸爸，我很高兴。其实呢，我知道你做的什么梦，爸爸像你这么年轻的时候也做过。你不必害羞，这也不是什么心理疾病，这是青春期的正常生理现象。

儿子：是真的吗？我这是正常的？

王先生：是正常的。只不过你要记住，青春期是你学习的时期，你需要做的是转移你的视线，多努力学习、储备知识。等过了青春期，很多问题也就不是问题了。

青春期是人的身体发育完成的时期。青春期以前，男孩身体的各个部分几乎"按兵不动"。然而一旦青春期发动，这些部分的发育又变得"势如破竹"，十分迅猛。青春期的男孩们开始从调皮的小男孩变成一个真正的男子汉，但也开始有了一些不能说的秘密。比如，对性的冲动和幻想、对生殖过程的疑惑等。男孩也是羞涩的。其实，这些并不是秘密，大方对待，就可以让自己快乐、健康地度过青春期！

的确，青春期的到来，也让那些无忧无虑的男孩们开始烦恼起来：为什么我开始长出了喉结？为什么会有阴毛的出现？自己的睾丸正常吗？我那可爱的童音怎么没有了？为什么我满脸是痘痘……这些问题都无时无刻烦恼这些少不更事的男孩子。父母是过来人，可以解答儿子的疑惑，可以帮助儿子了解人体生理结构与功能的奥秘、青春期男孩生理发育与保健、青春期性生理健康指导，以及青春期的运动与健康、营养与睡眠这些知识，从而让孩子平静地接受自己身体的这些变化，安心地度过青春期！

的确，青春期是每个人一生当中的重要时期，是从幼儿时期过渡到成人时期的一个转折阶段。在这一阶段中，孩子都会感到自身的机体在生长、发育、代谢、内分泌功能及心理状态诸方面均发生显著变化，其中尤以生殖系统的发育与功能的日趋成熟更为引人注目。所以，青春期是由儿童成长为大人的过渡时期，是决定人一生发育水平的关键时期。男孩虽然没有女孩娇贵，但面对青春期的这些变化，也会感到忧虑、惶恐和不安。作为父母，有义务帮助孩子排除这些负面情绪，让他健康、快乐地度过青春期。

♣ 心理支招：

与处于青春期的儿子谈性发育问题是父母必须做的事情。青春期是生理和心理变化都很大的年龄阶段，不少孩子因为被性发育问题困扰，而造成心事重重、神情恍惚，学习成绩下降。关于男孩子的性发育问题，由父亲来讲是比较适当的。

同样，男孩子的青春期变化也可以分为以下5个阶段，但是有些孩子可能出现得早些，有些可能晚些，不是完全按照下面的时间表完成的，不必担心。

8~10岁，还没有开始长阴毛，阴茎还比较小，肩膀也很细窄，整个体型和小女孩差不多。

11~12岁，睾丸激素开始作用，长得更快了，肩膀和胸膛变得宽阔，阴茎也开始发育，声音变得有些低沉，但这时发育还没有停止。

13~14岁，这两年发生的事情较多，比如第一次发现自己长阴毛了，第一次经历"湿梦"，嗓音也会在这期间变得完全低沉起来，仍处于快速生长阶段。

15~16岁，常会出现青春痘，皮肤质感有了变化，脂肪腺会产生很多的油脂，脸上可能会出现痘痘或者黑头。

17～18岁，要开始刮胡子了，就算不是每天刮，一个礼拜也要两三次；早期对女孩的兴趣可能变得集中到某一位特殊的"她"身上了。此时，从生理上来说已经属于成人。

总之，作为父母，应该让请孩子知道生理成熟这条路是他们一定要走的，无论早晚他们都要经历。让孩子明白，父母既是孩子的长辈，也是孩子最贴心的朋友，从而帮助孩子及时调整好自己的心态，以便顺利地向成人世界进发。

"最担心女儿受伤害"——告诉女孩学会保护自己的身体

◎ 父母的烦恼：

蒙蒙刚上高二，看着一些同学都交了男朋友，无人追求的她，选择了网恋。她在网上认识了一个叫"真心爱你"的男孩，在相识了两个月以后，两人选择在一家电影院见面。当蒙蒙见到"真心爱你"的时候，完全被他帅气的外表迷住了。可是，接下来发生的事情让蒙蒙一辈子都无法忘记。蒙蒙被他带到一家宾馆，还没来得及反抗，就被强奸了。出于羞耻心，蒙蒙一直不敢说，惶惶不可终日，成绩也一落千丈。

这是很典型的女孩遭到身体伤害的案例。女孩不懂得保护自己，带来的不仅仅是身体的伤害，还有心灵的创伤，甚至会带来一辈子的阴影。

对于女孩来说，最重要的莫过于一个干净健康的身体。父母教育女儿，就是要让女孩在一个安全的环境下长大，不让女孩受到任何身体上的伤害。在生活中，女孩易遭受性侵害。据调查，在强奸案中，侵害对象主要是25岁以下的女性，而14岁以下的幼女亦占相当比例，所以教育孩子注意保护自己的身体已刻不容缓。

女孩被强暴的原因大概有以下几种：

第一种，年轻女孩，涉世未深，单纯可爱，容易被坏人欺骗和钻空子。

第二种，虚荣心强，穿着暴露，导致一般人羡慕，但也会导致坏人关注。

第三种，女孩主动和异性交往，在不快和争吵里，容易陷入被动。

第四种，女孩陷入早恋的泥潭中，男生的性观念比较开放，女孩为了维护感情，不得不迁就男生。

第五种，同网友约会，容易发生强暴案件。

综上所述，女孩遭受身体侵害的情况是很多的，应该教加强自我保护的意识，也要提高自我修养，不随波逐流。

为此，父母必须让女孩明白以下一些自我保护的忠告。

♣ 心理支招：

第一，让孩子明白什么是性侵犯和受到性侵犯怎么办，使孩子懂得，自己的身体任何人都无权抚摸或伤害，受到侵犯应向信赖的成年人和警察求助。

第二，女孩晚上外出时，应结伴而行，衣着不可过露，不要过于打扮，切忌轻浮张扬。尤其是年幼女孩外出，家长一定要接送。

第三，女孩外出要注意周围动静，不要和陌生人搭腔，如有人叮梢或纠缠，尽快向大庭广众之处靠近，必要时可呼叫。

第四，女孩外出，随时与家长联系，未得家长许可，不可在别人家夜宿。

第五，应该避免单独和男子在家里或是宁静、封闭的环境中会面，尤其是到男子的家里去；在外不可随便享用陌生人给的饮料或食品，谨防有麻醉药物；拒绝男士提供的色情影视录像和书刊图片，预防其图谋不轨。

第六，独自在家，注意关门，拒绝陌生人进屋；对自称是服务维修的人员，也告知他等家长回来再说。

第七，晚上单独在家睡觉，如果觉得屋里有响声，发觉有陌生人进入室内，不要束手无策，更不要钻到被窝里蒙着头，应果断开灯尖叫求救。

第八，受到了性侵害，要尽快告诉家长或报警，切不可害羞、胆怯延误时间丧失证据，让疑犯逍遥法外。

第九，必须具备一些防卫能力：

（1）超前的防范意识。未成年少女体力有限，社会经验较少，不要轻信陌生人的许诺。对熟悉的男性也应保持交往距离，掌握活动的合适地点和方式。

（2）冷静的分析能力。

（3）灵敏的反应能力。

（4）顽强的忍耐能力。要想达到自我保护和防卫成功的目的，必须具备顽强的忍耐能力，绝不能由于肉体、精神受到伤害而失去反抗的信心。如果女孩子具有极强的忍受严重伤害和痛苦的能力，就会给犯罪人精神上造成巨大压力，行为上造成诸多障碍，使犯罪目的难以得逞。万一遇到坏人，应立即报案。

（5）顽强的防卫能力。呼救，这是所有女孩子都会做的。放开喉咙尖叫，一是表示反抗，二是呼吁救助。万一陷入困境时，应竭尽全力还击歹徒。自己的头、肩、肘、手、胯、膝、脚都可以成为攻击的武器。要设法击中歹徒的身体要害，如踢他小腹会使其疼痛难忍，放弃自己罪恶的行径；也可以不失时机地咬他。

未成年女孩如含苞欲放的花蕾，最容易成为坏人攻击的对象，所以必须有强烈的自我防卫意识。而这一点，必须由父母的教育才能获得。让女孩从小认同自己的性别，并有意识地保护自己的身体。这样，女孩的身体安全才有保障，才会在一个健康祥和的环境中成长！

"该怎么开口"——用可以接受的方式让孩子正确认识"性"

◎ 父母的烦恼：

周末的一天，秦太太和女儿丹丹在家看电视连续剧。说实话，丹丹最讨厌看这种又臭又长的电视剧了，但在家实在无聊，就勉强与妈妈一起看。

现代都市的情感剧免不了一些"少儿不宜"的镜头，以前在看到男女接吻的时候，丹丹总是遮住自己的眼睛，觉得很害羞。而秦太太如果看到彤彤在的话，也会马上调台。可这次，丹丹居然目不转睛地盯着电视，秦太太一下子意识到女儿长大了，孩子对"性"开始有了懵懂的意识了。

"妈，男人与女人为什么要亲嘴？结了婚为什么就生小孩了？我又是怎么来的？"女儿一连串的问题让秦太太不知道怎么回答。她明白，是时候告诉女儿这些性知识了，"性"的问题，不能对女儿避而不谈了，孩子终归是要长大的。

"彤彤啊，其实呢……"

的确，孩子在一天天长大，昨天的她还是一个在父母怀里撒娇的小女孩，今天她已经亭亭玉立了；昨天的他还是一个和邻居小男孩抢玩具的小男孩，今天的他看见了女生都会退避三舍……此时，性健康教育成为摆在很多父母面前的一道不可回避的难题。

然而，面对这个问题，大人们似乎总是很害羞，大多数家庭中仍然是谈"性"色变；有一部分思想开放的家长想给孩子提前教育教育，却又欲说还"羞"，不知从何说起。

有调查表明，青少年性知识70%来自电视网络、同伴之间的谈论交流或课外书籍；来自家庭的却只有5.5%；有36.4%的母亲在女儿第一次来月经之前，没有告诉孩子该如何进行处理。杂志、影视、文艺书籍等社会性信息有着强烈的刺激和诱惑，如果再受到同伴之间错误的性知识的干扰，很容易造成孩子性观念和性行为的偏离。

可见，结合孩子身心发育不同阶段的特点，及时进行性生理、性心理、性道德等知识教育,满足孩子渴望获得性知识的需求，是社会、学校和父母不可推卸的责任。

♣ 心理支招：

1. 父母应转变观念

青春期性教育是人生教育不可缺少的一课，对孩子进行必要的青春期性教育是社会文明进步的体现。

青春发育是人生必经之途，由于性成熟而出现对性知识渴求和对异性向往是自然的。青少年十分需要从正规渠道(当然包括孩子的父母)获得有关性与生殖健康的知识。如果封闭了正确的性知识，不但不能起保护作用，反而使青少年从其他渠道接受片面的、似是而非的甚至色情淫秽的内容，妨碍其身心健康的发展。青春期教育如果出现缺失和失误，在孩子成长史上就会留下无法弥补的遗憾。

2. 从正面教育

很多父母为了避免孩子产生性尝试的欲望，往往从消极面教育孩子，比如，性会导致艾滋和其他疾病、少女怀孕、强奸等，当然，告诉孩子这些是必要的。但父母更要注重正面教育，要告诉孩子，正当的性是人类美好的东西。

当孩子向父母提出性问题时，你不要恐慌，这证明孩子已经长大了，应该为之高兴。同时，如果孩子做了一些诸如手淫之类的事时，父母既不要大喊大叫，也不要痛斥他们是什么"坏"孩子。手淫不会使孩子性狂热。性无知和羞怯才会对他们产生消极的影响。

3. 充实自己的性知识，为孩子解疑答惑

为什么许多父母在与孩子谈论性问题时感到困难或者无从回答？这其

中一个主要的原因是父母自身对这些问题也很迷茫。事实上，正是因为父母对这些问题避而不谈，才导致了他们对性的知识也有限。因此，作为父母，应该学习一些有关性方面的知识来充实自己，了解一些与性教育有关的知识。有了比较足够的知识准备，与孩子谈论性问题时才会有自信心。父母亲的自信心是轻松而有效地实施性教育的关键。

4.以自然的态度面对孩子的问题，恰当回答

初中的孩子已经有辨别的能力，因此，在对孩子正确地进行性教育前，父母应先有纯正思想，而后才能教导孩子纯正观念，提供适当的性教育，使孩子在很自然的情况下，吸收性知识。另外，对孩子好奇的一些常规问题，父母既要如实相告，又不能太复杂，否则，只会让孩子更困惑。例如：人是怎样出生的？父母可以可以从植物结果讲起，接着联系到人的"性"与生殖，也可以从动物的生殖活动进行示范性比喻，浅显地介绍人类生殖的生理，有助于孩子弄清问题。

在传统的教育中，父母总是避讳和孩子谈"性"的问题，而让孩子自己去摸索，往往使许多孩子因一时的"性"好奇，而犯下错误。父母是孩子性教育的启蒙者，以自然、正常的态度，教导孩子正确的性观念，才不会让孩子从一些非正面的渠道了解，才不会让他对"性"有错误的想法和观念，孩子才会身心健康地成长！

青春心理——孩子为什么刻意疏远异性

◎父母的烦恼：

这天，吴太太刚买完菜回来，就在小区门口遇到隔壁家的小刚。小刚很疑惑地问吴太太："吴阿姨，最近小玲是不是生病了？"

"没有啊，你们俩不是一个班的嘛，她天天都去上学啊！"

"那就奇怪了。"

"怎么了？"

"我以为小玲有什么心事呢。我发现，从这学期开始，她就老躲着我，平时即使看到我，都绕道而行，有时候，说不上两句话，她就急匆匆地走开了。"说完这些，小刚更不解了。

"你们吵架了？照说不会啊。"

"她是女生嘛，小时候一起玩，我都让着她，怎么可能吵架呀。"

"那我差不多知道为什么了，你放心吧，回去我会好好和她沟通的……"

吴太太明白，这是因为女儿长大了，开始知道男女有别了，在和异性交往的时候，也就刻意保持分寸了。

青春期的最初阶段，男女同学相处似乎比较困难，即使是童年时代很要好的异性同学，这时也会不自然地退避。男女同学在学习、娱乐及各项活动中，界限分明，偶有接触也显得很不自然，不像儿童时代那样无拘无束、天真烂漫。这段时期，心理学上称"异性疏远期"。同时，有些女孩或多或少地受封建落后观念"男女授受不亲"的影响，认为男女交往有伤风化。因此，慑于舆论、慑于所谓的名声，男女同学间壁垒森严，互不搭界。

一个缺乏与同龄异性接触的孩子也总表现出一种不健康、不自然的与异性交往的心理和能力。这个时期对异性交往的限制常常给他们在未来更好地鉴别、选择异性朋友带来不良的影响。正如德国医学家布洛赫指出的："完善的性教育是无害的，这种教育认为，性的本能像别的事情一样，是光明正大的、完全自然的。受过教育的人把一切自然的东西都看成是理直气壮的，承认它们的作用和必要性，性的本能对他们来说是生存的条件和前提。"性教育的目的是培养道德坚定性，从而克服两性关系中的不良现象。正确的性教育可以避免青少年生活中很多过失、错误、痛苦和不幸，使他们的身心得以健康成长。而在这个过程中，作为父母，有义务教育孩子：与异性交往，要大方优雅，以尊重未先，只有这样，才能坦然的、不失分寸的交往，才能获得异性同学之间纯洁的友谊。

♣ 心理支招：

1. 让孩子认识到青春期男女同学交往的益处

一些父母一听到孩子与异性同学交往，就敏感多疑，认为孩子可能早恋。其实，青春期男孩和女孩之间交往的后果，并没有很多父母想象的那么严重，甚至有一些良性的结果。当青少年进入青春期后，由于生理和心理发育的急剧变化，从而使情绪易于波动，活动能力增强，人格独立要求增加，并付诸行动，这些都属于正常现象，而非"恋爱"。

男生往往比较刚强、勇敢，不畏艰难，更具独立性；而女生则更具细腻、温柔、严谨、韧性等特点——因此，从心理学角度看，男女同学正常的交往活动可以促使双方互补，对性格发育和智力发育都有益。

有的女生说："我觉得男生心胸开阔，和他们在一起时我的心情也开朗了。"有些男生讲："也不知为什么，比赛时如果有女生在场观看，我们男生就跑得特别卖力。"其实，这些都说明了正常的异性交往对双方的心理健康发展都会有促进作用。由于男女同学各自特点不同，男生往往比较刚强、勇敢、不畏艰难、更具独立性，而女性则更具细腻、温柔、严谨、韧性等特点，男女同学的正常交往可以促使双方互补，对他们的性格发展和智力发育都有益处。

2. 告诉孩子如何与异性相处

单就青春期这一阶段来说，男女同学共同学习，相互帮助，友好相处，这是很有必要的。但与异性相处，一定要大方面对。那么，这个交往的原则应当如何把握？

（1）要以树立远大的理想为前提。在远大理想指引下的男女同学共同的学习、活动，才会不断产生新的健康的内容，产生不断向前迈进的动力。

（2）要把握语言和行为的分寸；交往要热情、开朗，尊重他人，也要自尊自爱；既要真诚相处，坦诚相助，又要端正大方。

（3）扩大交往的范围，要主动与大家一起参与集体活动。积极主动参与集体活动，努力使自己成为集体中活跃的一员，保持男女同学之间正常的友谊，不要让友谊专注在某一个人身上。尽量不要单独与某一异性同学相处。

进入青春期后，孩子在生理、心理上都产生了很大的变化，性意识也随之觉醒，他们乐意与异性同学交往。作为父母，不但不能阻止，还要予以鼓励、加以引导，让孩子坦然面对青春期的异性交往问题。

为什么会做那样的梦——梦中的性让孩子感到可耻

◎ 父母的烦恼：

陈红在一所中学任教，为了能照顾女儿可可，她就当了女儿所在班级的班主任。然而，可可的学习成绩并不好，一直处于中下游水平。青春期后，陈红发现女儿更加腼腆了，甚至都不和男同学说话。最近一段时间，陈红觉得女儿奇奇怪怪的，一天精神恍惚，甚至连上课都在走神，陈红决定和可可好好谈谈。

"可可，今天妈妈决定和你谈谈。你最近心事重重的，是不是遇到什么事了？"

"没事。"

"可能你不愿意说，不过妈妈答应你，我绝不会把你的秘密告诉别人。"

"我还是觉得很可耻，难以启齿。"听到女儿这么说，陈红也就猜出一二了。

"是不是关于身体方面的？"陈红顺势问。

"你怎么知道？"可可很吃惊地问到。

"我猜的。不过到了你这个年纪，这些问题都是很正常的。如果你愿意的话，就告诉妈妈，妈妈能帮助你解除这些困惑。"

"我最近认识了一个高年级男孩，慢慢的，我开始做一些奇怪的梦。晚上我躺在床上，满脑子都是他的影子，白天那种触电般的感觉总像毛毛虫一样刺激着我，还开始做和他在一起的梦。为了把他从我的脑海里赶走，我强迫自己读书，但往往眼睛看着书本却不知道看的什么内容。可偏偏也怪了，对于一些描写爱情的小说、诗歌及恋爱指南书籍我又特感兴趣。在这种矛盾心理的折磨下，我的学习成绩下降了。"

"你喜欢的不会是张风吧。"陈红说。

"妈妈，你怎么知道？"

"我女儿的心思我能不知道吗？我们先暂时不谈这个，关于你说的梦到他的问题，妈妈想说的是……"

其实，可可的故事在很多女孩身上都发生过。当孩子步入青春期，在性激素的影响下，开始会有性的萌动，甚至有性幻想，并且对性梦都感到可耻。针对这一点，父母一定要让孩子知道，这是青春期性意识成熟的一种表现，不必大惊小怪，但一定要注意调节，不可影响生活和学习。

因为，从生理角度上看，性冲动不受大脑支配而是由血液中的激素水平所决定的，是一种不以人的意志为转移的自然现象，也是一种自然能量的积累过程，当它积聚到一定程度就应该有一个合理的宣泄途径。因此，性幻想就产生了。

随着性生理的发育、两性交往的深入，青少年的欲望、性冲动也会逐渐增强。许多青春期男孩睡觉时偶尔会在梦中见到自己相识的女性或其乳房、颈、腿等部位，此时阴茎也会情不自禁地勃起，当达到极度兴奋时，就会遗精。有些女孩也会梦到自己和欣赏的男生一起嬉戏、玩耍等。许多孩子由此自责，觉得自己是个坏孩子，千方百计地去控制自己，可在梦中又不能自已。在医学上，这是一种性梦，是青春期性心理活动的重要内容之一，常发生在深睡或假寐时，以男孩居多。性梦和梦遗不是病态，而是一种不由人自控的潜意识性行为。有关专家指出，性梦是正常现象，不必大惊小怪。

据国外调查报告，100%的男性做过性梦，男性的顶峰期在15~30岁之间。性梦与道德品质一点关系也没有。人不可能因为品质好就不做性梦，也不可能因为道德败坏就夜夜做性梦，做梦人完全不必自寻烦恼。

虽然性梦是正常的心理活动，但任何事物都要有个度。如果沉溺于其中，对学习、对生活、对自己的健康成长是有害的。

♣ 心理支招：

1. 让孩子认识到性梦产生的原因

寻求和揭示性的奥秘是很多孩子青春期所向往的事情，他们想了解两性的秘密，因而身边的一切与性相关的事物，如电影、黄色书刊、色情故事、女性画片以及父母间的亲昵动作，都会对他们产生种种不同的影响。清醒状态，有自我控制的能力，故在平时埋藏在心底没有表达；到了熟睡之后大脑的控制暂时消失，于是性的本能和欲望就会在梦中得到反映。所以，性梦大多是性刺激留下的痕迹所引起的一种自然的表露，性成熟可能是产生性梦重要的生理原因。

2. 纠正孩子对性意识活动的错误认识

很多孩子认为这是低级下流、黄色淫秽、道德败坏的。如有的孩子由于性梦或性幻想的对象是自己的同学、邻居甚至亲友，便会产生罪恶感，认为自己乱伦、道德沦丧等。此时，除要向孩子解释性梦和性幻想的正常性和普遍性外，还应重点向孩子讲述性梦对象的不可选择性。要让孩子明白，他们之所以出现一些困扰，并不是性意识活动本身所致，而是自己对性意识活动所持的态度造成的。

3. 为孩子保密

虽然性梦是正常现象，但如果随意向外界披露性梦的内容和对象，不仅会对孩子造成伤害，还有可能引起纠纷。

总之，父母要让孩子明白：有性意识甚至做性梦都没有错，关键是如何调节和发泄。青春期应以学习为重，把精力放在学习上，就能转移性梦对自己的困扰；另外，多参加公共活动，也是一种自我调节的方式！

手淫的孩子有负罪感——引导孩子正确认识性自慰

◎ 父母的烦恼：

柳女士的女儿今年15岁，上初三，从小学至今都是个品学兼优的好学生。但最近，柳女士发现，女儿好像有点不对劲，学习情绪也很差。情急之下的柳女士不得不偷看了女儿的日记。原来，女儿近来总喜欢手淫。她明知道这样不对，但还是无法控制自己的行为。她也曾有过骑在凳子上两腿夹着摩擦而兴奋的经历，同时阴道会产生一种莫名的快感，非常舒服。这种习惯一直到现在，而且越来越强烈，甚至无法满足自己心理的需求，最终通过手淫帮助满足。但随着手淫次数频繁，感觉心理不正常，非常害怕因此而染病，也认为自己很无耻和下流。

柳女士一直家教很严，自己和丈夫也是高级知识分子，平时都极力不让女儿接触性方面的知识，可是一直是乖乖女的女儿为什么会这样呢？

关于青春期孩子手淫这一问题，作为父母，一定要明白，这是青春期身体发育后的正常现象，但也应引起重视，并做好引导工作。过度手淫会对孩子的心理造成压力，影响学习和正常生活。

实际上，对性的追求，并不是成人以后。案例中柳女士的女儿从幼儿早期就有明显的性兴奋，表现在"骑在凳子上两腿夹着摩擦"就是由中枢决定的痒感刺激来达到性满足的。这种幼儿期手淫既无成人的性意识与性交意愿，也无成人的性生理反应（如射精），不过是幼儿的一种游戏而已。

随着年龄的增长，对性的要求越来越强烈，变成一种有意识的手淫，但孩子在极力压抑自己的性冲动，而对手淫没有正确的理解和认识，产生自责、自罪的感觉，痛苦感油然而生。这是因为很多学校和家庭没有给过孩子正确的性教育，所以他们会把自己的自慰行为看成是无耻和下流的。

那么，作为父母，该如何让孩子正确认识手淫这一问题呢？

♣ 心理支招：

1. 告诉孩子什么是手淫

伴随着身体发育的成熟，很多青春期孩子产生了性的冲动。于是，他们便采用自慰的方式发泄，也就是人们常说的手淫。手淫是释放性压力的一种方式。

手淫是指通过自我抚弄或刺激性器官而产生性兴奋或性高潮的一种行为，这种刺激可以通过手或是某种物体，甚至两腿夹挤生殖器即可产生。手淫在青春期男、女均可发生，以男性更多见。手淫是释放性能量、缓和性心理紧张的一种措施。当然，手淫过度也是不利的。过度的手淫会使肉体的性感高潮在无须异性的正常诱惑下就得以满足，这是一种异常的、变态的性满足方式。

2. 告诉孩子过度手淫会带来的精神恶果

性自慰是青少年为满足性冲动欲望的一种行为，这种玩弄或刺激外生殖器、获得性快感的自慰行为在青少年中普遍存在。其实，适度的性自慰并无大碍，但不能沉迷其中，影响身心健康发展。

长期过度手淫带来的最明显的恶果主要是精神上的。手淫的孩子由于得不到正常性生活所带来的感觉，自慰行为又担心被人发现，再加上社会舆论的压力，使得他们不得不刻意培养自尊的意识和表象，表现出对异性傲慢和不感兴趣的态度，用以掩盖自己的行为。当然，这些畸形的心理并非每个人都会发生，但是对于性格比较内向和脆弱的人，就容易出现这种倾向。

在了解这些性知识以后，可能很多孩子会产生疑问，那么，到底应该怎样掌握手淫的度呢？手淫一般不会引起任何的疾病，一般以一周一次为宜。频繁、重度的手淫可引起疾病，如前列腺炎、遗精、早泄等，不育也是有可能的。

作为父母，如果让孩子从正常渠道了解这些青春期性冲动的知识，并告诉孩子以正常的方式发泄性冲动，那么，孩子自然能摆正心态，消除对手淫的羞愧感！

第⑨章

青春期的孩子易受挫，引导孩子度过脆弱的花季

现在的很多青春期孩子都生活在蜜罐里，过着衣来伸手、饭来张口的生活。他们是整个家庭的"中心"，父母过度的"富养"，让孩子既缺乏承受挫折的机会，更没有承受挫折的思想准备。所以当挫折摆在面前的时候，这些孩子就会表现出懦弱、悲观、处处想逃避它的想法。但是生活并非一帆风顺，是处处藏着逆境的。因此，对青春期的孩子进行挫折教育，使他们懂得如何正确对待挫折、失败、困难，从而具有较强的心理承受能力和坚强的意志，懂得重新来过，对于他们将来的成长，有着非同寻常的意义。

"手套效应"：孩子的自信来源于父母的鼓励

◎ 父母的烦恼：

森森今年13岁了，她一直爱好音乐。爸爸妈妈虽然不同意森森以后以音乐为生，但拗不过女儿，还是答应了森森的要求，每周末要么去学钢琴，要么去学小提琴等。但森森是个三分钟热度的孩子，兴趣来得快，也去得快，爸爸妈妈从没想过森森能学出什么名堂来。

有一个周六的晚上，妈妈和爸爸一起去小提琴培训班接森森。回家的路上，森森说："爸妈，我想参加市里面的小提琴大赛，我们学校都没几个人敢报名呢？你们说我可以报名吗？"

"平时出于兴趣，去学一下那些我们是不反对的，可是我看你还是别报名的好，肯定没戏……"森森爸爸给女儿泼了一头冷水。

"你可别这么说，谁说我们森森没戏了，我看森森很有音乐天赋。森森，你去报名，妈妈相信你一定可以的！"受到妈妈的鼓励后，森森顿时精神大振。

从那天后，森森把每天的空余时间都拿来练琴，小提琴拉得越来越好。果然，在市里的初中生小提琴大赛上，森森不负厚望，取得了第二名的好成绩。而森森妈妈也认为自己是最有眼光、最明智的妈妈。

自信心是一种积极的心理品质，是人们开拓进取、向上奋进的动力，是一个人取得成功的重要心理素质。自信心在个人成长和事业成就中具有显著的作用。对于成长阶段的孩子来说，如果孩子如果缺乏自信心，常常表现胆怯、遇事畏缩不前、害怕困难、不敢尝试，孩子的认知能力、动手能力、交往能力及运动能力等发展就缓慢；相反，孩子具有自信心，胆子大，什么事都敢尝试，积极参与，各方面发展就快。

关于这一点，心理学上有个著名的"手套效应"：

一个男孩和很多同龄的孩子一起接受垒球训练。一天教练叫队员排成一行，练习击球。别人都击得很好，唯独一个男孩总是不能击中目标。其他的孩子开始议论说"他不是打垒球的料"。这个男孩很懊恼，并向教练要求退出球队。教练对他说："问题不是你不会打球，而是你的手套有问题。"随后，教练给了这个男孩一副新手套，并鼓励他说："你绝对是打垒球的料，你会成为优秀的垒球队员！"

果然不出教练所料，戴上手套后，孩子努力训练，最后成为一个著名的垒球手！

表面看来好像是手套起了作用，其实不然，是教练给孩子戴上手套的那一刻说的那句话"你绝对是打垒球的料"。正是有了教练的这种鼓励，孩子才对自己充满了信心！

对于青春期孩子来说，生活、学习环境的改变，竞争压力的加大，很容易挫伤孩子学习、交际的积极性，让孩子失去信心。同时，来自家庭的因素，比如，孩子从小到大，衣来伸手、饭来张口，久而久之，孩子什么也不会干。孩子从小不学习动手做事，他的自信心也越来越没有了。

青春期，也是一个人个性、心理品质形成的重要时期。这时期孩子是否自信，也影响到孩子未来人生路上是否能勇敢面对各种挑战，决定了将来他们是否能成为充满自信、有坚强毅力和足够勇气的人。因此，自信这种心理品质应该从家庭起步，在孩子青春期应该着重培养。言传不如身教，培养孩子的自信心，不是单纯的几句说辞，而需要父母从生活中的点点滴滴入手。

♣ 心理支招：

那么，父母该怎样鼓励孩子树立自信心呢？

1. 多鼓励，让孩子勇于尝试

我国著名教育家陈鹤琴先生在讲到孩子心理特点时指出："小孩子喜欢成功的"，"小孩子喜欢称赞的"。其实，这种心理需求，青春期的孩子也是需要的，父母的鼓励是孩子得到的最大的肯定。

因此，无论孩子学习成绩怎样，无论孩子做什么事，只要他们去干就要给予肯定与鼓励；还要善于发现孩子的点滴进步和成功，给予适当赞赏，使他们积累积极的情感体验。

2. 赏识孩子，让孩子发现并肯定自己的优点

对于很多父母来说，似乎"孩子总是别人的好"。别人的孩子听话、懂事，自己的孩子似乎总是"恨铁不成钢"，对于自己孩子的长处和优点视而不见，充耳不闻，说什么"成绩不说跑不了"。

应该承认，你的孩子也有优点，只是你没有注意。孩子为什么总是考不好，不是孩子不认真学习，而是你一味地贬低他，让他失去了信心。如果你开始发现他的优点并加以赞赏，想必你的孩子一定会信心大增。

3. 教孩子学会体验成功

只要尝过成功的滋味，伴随而来就是无比的喜悦以及对自己的坚定信心。所以先让孩子尝尝成功的喜悦，就是使孩子建立信心最简易的方法。当孩子做成一件事后，你首先应该夸奖孩子，告诉他："你做得真棒！"适当的时候，你可以采取一些物质奖励的方式。而当孩子缺乏自信时，你可以告诉孩子："勇敢一点，爸妈为你骄傲！"当孩子体验到成功的美好后，也就不会畏首畏尾，而是大胆地去争取了。

总之，自信心是孩子成长道路上的基石，是学习过程中的润滑剂，是生活中必不可少的勇气。自信心是在实践中培养起来的。因此，在日常生活中，父母一定要相信孩子，给足孩子鼓励，他才能昂首阔步走向社会，去克服人生道路上的种种艰难险阻，迎接新世纪的各种挑战。

甘地夫人法则：让孩子明白挫折是生活的一部分

◎ 父母的烦恼：

印度前总理甘地夫人，不仅是一位非常杰出的政治领袖，更是一位好

母亲、好老师。在她教育儿子拉吉夫的过程中，曾有这样一次经历：

在拉吉夫12岁的时候，他生了一场大病，医生建议他做手术。手术前，医生和甘地夫人商量术前的一些事，医生认为可以通过说一些安慰的话来让拉吉夫轻松面对手术，比如，可以告诉拉吉夫"手术并不痛苦，也不用害怕"等。然而，甘地夫人却认为，拉吉夫已经12岁了，应该学会独立面对了。于是，当拉吉夫被推进手术室前，她告诉拉吉夫："可爱的小拉吉夫，手术后你有几天会相当痛苦，这种痛苦是谁也不能代替的，哭泣或喊叫都不能减轻痛苦，可能还会引起头痛，所以，你必须勇敢地承受它。"

手术后，拉吉夫没有哭，也没有叫苦，他勇敢地忍受了这一切。

关于孩子的教育，甘地夫人有自己的心得。她认为，生活本来就不是一帆风顺的，有阳光就有阴霾。孩子在成长的过程中，有快乐，也就会有坎坷。而一个个性健全的孩子就是要接受生活赐予的种种，这样，才能从容不迫地应对未来生活的各种变化。这就是人们常说的甘地夫人法则。

同样，对于人格、品质都处于形成期的青春期孩子来说，挫折教育也必不可少。父母对孩子的期望有多大，希望孩子将来从事什么样的职业，现下都应该帮助孩子学会如何面对挫折和困难，而不应该一味地宠溺孩子，不让孩子经受一点风浪。这看似是爱孩子，实际上是害孩子，只能让他们长大后陷于平庸和无能。

现实生活中，很多父母给予孩子更多的是物质和财富，而不是培养孩子独立面对挫折和生活的好心态，轻则导致孩子胆怯懦弱，重则产生无法弥补的错误。

事实上，困难和挫折是一所最好的学校，在这所学校里，孩子能历经磨炼，"艰难困苦，玉汝以成"。没有尝过饥与渴的滋味，就永远体会不到食物和水的甜美，不懂得生活到底是什么滋味；没有经历过困难和挫折，就品味不到成功的喜悦；没有经历过苦难，就永远感受不到什么叫幸福。尽管每位父母都不想让孩子去经历苦难，希望他们的人生路上充满笑脸和鲜花。但生活是无情的，每个人的人生路上都会有各种各样的苦难，畏惧苦难的人将永远不会有幸福。

♣ 心理支招：

1. 父母的心态影响到孩子的心态

父母也是孩子的老师。父母如何对待人生的挫折，首先是对父母人生态度的一个考验，其次是对孩子给予何种影响。

如果父母在挫折面前积极乐观，把挫折看成一个人生的新契机，那么孩子在父母的影响下，也会直面人生的各种挫折，以积极的心态去迎接各种挑战。反过来，如果父母在挫折面前消极悲观，回避现实，那么只能降低自己在孩子心目中的威信，更不利于教育孩子正视挫折。

俗话说得好："假如你选择了蓝天，就不要渴望风和日丽；假如你选择了陆地，就不要渴望大陆平坦；假如你选择了海洋，就不要渴望一帆风顺。让我们勇敢地面对挫折，生活会因有了挫折而更加精彩。"父母要明白这个道理，并言传身教。在日常生活中，给孩子一个积极的印象，孩子在潜移默化中也就吸收了父母的这一"精神精华"。

2. 放手让孩子自己去经历挫折，而不是包办孩子的一切

人的一生从来不会一帆风顺，漫漫人生路，苦乐相掺，悲喜相伴，往往挫折坎坷比平坦之路更多。挫折会伴随每个孩子的一生，成为他们人生的一部分。从小不让孩子自己面对挫折，他们长大后可能就难以适应复杂多变的社会。

3. 鼓励孩子勇敢面对

孩子在任何时候，都需要父母的支持。挫折发生时，父母应鼓励孩子冷静分析，沉着应对，找到解决挫折的有效办法。父母平常应和孩子一起探索战胜挫折、克服消极心理的有效方法，帮助孩子进行自我排解，自我疏导，从而将消极情绪转化为积极情绪，增添战胜挫折的勇气。在父母鼓励下战胜挫折的孩子，定能学会抵抗挫折，他们就会成为一个在人生路上不断前行的勇者。

总之，作为父母，要让孩子明白，挫折是人生的一部分。如果父母希望孩子未来的人生少一些悲哀气氛，多一些壮丽色彩，就要让孩子早点懂得挫折是人生的常态。这样，当挫折到来时，孩子才会从容面对，而不是无奈逃避。让孩子明白挫折是生活的一部分，学会正确地看待挫折，孩子才能更快地成长、成熟，将来才会更好地把握自己的人生！

青春期的孩子，提高抗压受挫的能力

◎ 父母的烦恼：

曾有媒体报道，在湖北省的某个中学，有一名女生，成绩一直很好，是班上的好学生，也很受老师和同学的喜欢。

但有一次，一个学习成绩差的同学求她帮忙，让她帮忙作弊。谁料没有作弊过的她因为紧张过度被老师发现，最终被老师赶出考场。

事后，她对这件事一直耿耿于怀，最后羞愧地跳入长江自杀身亡。对这名女中学生自杀事件，人们从各个角度在报纸上展开了大量讨论，谈的最多的还是中学生的心理素质——心理承受力的问题。

我们不得不承认，现在的青少年的心理承受能力越来越差。在学习方面，过分注重自己的学习成绩，一次考试成绩不理想就会使自己伤心很久，甚至出现厌学的倾向；在人际关系方面，害怕别人拒绝自己，不知道怎么与人相处，同学之间的一点小矛盾会感到束手无策，从而使自己心神不宁，学习退步；受到父母和老师的一点点批评就会使他们离家、离校出走等等。以上的种种都是孩子输不起的表现。

然而，这一青春期孩子中普遍存在的问题，"根"却在父母的教育。在孩子还小的时候，父母的过度保护使孩子无法得到磨炼，没有经受困难与挫折的心理准备和能力。表面上看，这些孩子个性十足，其实内心里十分脆弱，就像剥离的蛋壳，稍一用力，就成了碎片。

所谓心理承受能力，是指一个人从挫折中恢复愉快心情的心理素质。心理承受能力对一个人的生活和工作是非常重要的。一个人只要进入社会，就会遇到各种压力、困难和挫折，有的人能勇敢、乐观地去战胜它，而有的人却显得懦弱、悲观，处处想逃避它。

在这个快速发展的社会里，每个人包括孩子，都会遇到各种压力。比如考试不及格，竞赛不入围，升不了重点中学，和同学、老师关系不好等，这些都会给孩子带来心理压力。特别是那些性格内向的孩子、学习成绩差的孩子、单亲家庭的孩子、生理有缺陷的孩子、失足有过错的孩子，他们面对的问题更多。再加上父母不能正确地指导、对待他们，使这些孩子在遇到不愉快的事情时，就会有话不敢说，心里的郁积得不到舒展，久而久之，就给自己造成了强大的精神压力。

可见，这些在成人看来微不足道的问题，却给青春期的孩子造成了精神负担，容易引起孩子的心理障碍。如果孩子从前话很多，突然变得沉默起来，可能是遇到了问题，父母应该及时给予帮助。

♣ 心理支招：

1. 对孩子的挫折不要反应过度

当孩子遇到挫折时，父母一定要正确面对，千万不要反应过度。面对遭遇挫折的孩子，父母要避免做出任何消极否定的反应，这种反应只会加重孩子的失败感。父母不妨改变一下方式，变消极否定为积极鼓励、加油。这样做，既在客观上承认了孩子的失败，又充分肯定了孩子的努力，保护了孩子的积极性；同时，应为孩子指出继续努力的方向。

2. 从生活中入手，培养孩子的耐挫力

现在的孩子们在家大多是家庭中的"小皇帝"、"小公主"，每天过着众星捧月般的日子，只要好好学习，要什么，父母都会给什么，面对一点小挫折都会一蹶不振。因此，要想改变这种现状，父母不妨从也从生活中入手，对孩子大胆放手，不要让孩子得到的太容易。父母只有对孩子真正的放手，孩子才能获得许多体验的机会。

3. 给孩子制订一个适度的发展目标

适度的期望有利于孩子充分发挥自己的潜能，向着父母所期望的方向发展。因此，父母既要相信孩子有能力、有发展的潜力，又要注意从孩子自身的特点出发，制订相应的目标，使孩子有足够的勇气面对困难。

4. 不要用言语打击孩子

现在的独生子女心理素质差，受挫能力普遍较低，这就要求父母帮助孩子树立坚强的意志，培养他们敢于直面逆境的信心与毅力。要将孩子推上风口浪尖，让其经风雨历磨难，这对孩子克服软弱、形成刚毅的性格大有帮助。

5. 允许孩子慢一点

现代的独生子女在其成长过程中，父母总想方设法排除一切干扰，让其顺利成长，缺少甚至没有必要的应激和挫折，适应力从何而来？遇到挫折又怎能输得起呢？

与其他孩子比较本无可厚非，可千万不要忘记对自己孩子的前后比较，更不要从你的视角来设想孩子的所见所闻，因为"你如果不蹲下来和孩子一样高，又怎么知道孩子看到的仅是成人的大腿呢"？要用成长的事实来鼓励孩子成长，慢一点不要紧，关键是每一步都要有孩子自己的汗水和思考。

总之，对于培养孩子抗压受挫的心理这一问题，作为父母，一定要鼓励孩子坚强、自信地面对问题，让孩子懂得压力人人都会有，父母也会遇到麻烦、产生心理压力，并告诉孩子自己在遇到麻烦、产生心理压力时是怎样应对困难、克服压力的，给孩子树立一个实际的榜样，以增强孩子的勇气和信心。这样，孩子往往比较容易听进去，进而化解压力。

温柔地对待孩子的错误，"棍棒"会打走孩子的自信

◎ 父母的烦恼：

一位父亲带着自己的妻子女儿去德国留学。一次，他带着女儿逛公园。一会儿，女儿高兴地跑到他的身边说："爸爸，你看。"原来，女儿用自己的纸船跟一个德国女孩换了一只模拟的玩具船。一只纸船最多值3

美分，而一只玩具船值20美元。当时，这位爸爸就生气了，"你怎么这么爱占别人的便宜？你这样做是不对的！说，你跟谁换的？"女儿哭着指向远处的一个德国小女孩。

爸爸拉着女儿走过去，对德国小女孩的爸爸说："对不起，我女儿不懂事。"然而，德国爸爸的话让他十分震惊。德国爸爸说："船是我女儿的，所以由她做主。你女儿喜欢，就归她了。一会儿，我会带我女儿再去买一只，让她知道这只玩具船值多少钱，能买多少纸船。下次，她就不会再犯如此愚蠢的错误了。"

德国爸爸的一席话，让中国爸爸无地自容。这位德国爸爸非常尊重女儿的选择，没有一味批评女儿，而是通过有效的措施，让女儿认识到自己的错误，并且找到正确的做事方法。

同样，对于青春期孩子的父母来说，也要允许孩子犯错，让孩子在不断地犯错过程中积极主动地去探索、去学习。的确，青春期是躁动的年纪，曾经很听话的孩子都有可能做一些错事，父母要带着宽容的心对待孩子。另外，犯错误可能是孩子不专心、没耐心、能力不够引起的，作为父母都应该温柔地对待，应该耐心地支持和辅导孩子改正错误，绝不要横加指责，否则很容易导致孩子产生自卑感，或者抗压能力差。

事实上，人类的学习过程自古至今都遵循这样一条规律：错误、学习、尝试、纠正。在这个不断循环的过程中，人类得以成长。教育青春期的孩子，也需要父母尊重这个规律，温柔地对待孩子所犯的错误，让孩子自己认识到错误，在错误中得到真理，得到正确的做事方法。而作为父母，如果把错误这个源头彻底消灭，那么孩子也不会成长，也会打击孩子的自信心。

♣ 心理支招：

1.多沟通，做孩子的"知心朋友"

每个青春期的孩子都希望有一个可以交心的好朋友，能够在自己迷茫的时候给予指点；在自己不高兴的时候静静地坐在身边聆听，能在自己犯错的时候指出问题的焦点。但很多情况下，孩子的这位知己并不是父母，他们放不下作为家长的威严。很多孩子知道自己的父母做不到这一点，所以他们如果有了心事，宁愿找朋友去倾诉，也不愿意告诉父母。不是孩子不愿意把父母当做知己，而是父母首先没有做孩子"知己"的意识。

所以，父母不妨放下辈分，平等对待孩子。英国教育家斯宾塞说："沟通不是在任何人之间都能实现的。父母只有放下架子，做孩子的知心朋友，才能实现最成功的沟通。"

2. 温柔地对待孩子，也要让他为自己的错误付出一点代价

孩子犯错总是在所难免，每当孩子闯下大大小小的祸，作为警醒或教训，父母都会对孩子采取一定的惩罚。但惩罚仅仅是打和骂那么简单吗？怎样的教训才会起到理想效果？惩罚有些什么方式？惩罚的"度"在哪里？惩罚过后，面对孩子的情绪，父母又该如何做好"善后"工作？

每个人犯错都是要付出代价的，如果没有因为相应的错误受到惩罚，那么错误还可能会延续下去。生活中，很多父母看到孩子犯了错误以后，马上帮他纠正。可能孩子意识到了自己的错误，但印象并不深刻，导致错误一再地出现。

老刘的女儿第二天要出去郊游。晚上，老刘就对只顾看电视的女儿说："女儿啊，先别看电视了，准备准备明天去郊游的东西吧，否则明天早晨又要手忙脚乱了。"女儿一边嗑瓜子，一边说："爸爸你可真啰唆，我这么大了，会照顾好自己的，东西都准备好了。"老刘就没再说什么，可是发现女儿换洗的袜子没带，帽子也没装进包里。老刘的妻子正要帮女儿收拾，老刘却制止住了她。

女儿郊游回来后，老刘问："玩得怎么样啊？"女儿说："很好啊。就是没换洗的袜子穿，天气太热了，帽子也忘带了，我都晒黑了。下次可不能再这么丢三落四的了。"

老刘是位很聪明的父亲。他阻止了妻子的行为，就是要让女儿为自己犯的错误付出一点代价。如果妻子帮助女儿准备好了，她依旧是一副没记性的样子，并且还会产生依赖心理：我没准备好没关系，还有我老妈帮我

弄呢。所以，要想让孩子对自己的错误记忆深刻，不犯类似的错误，不妨让孩子吃点苦头。

可能很多父母相信棍棒比说教更能让孩子牢记错误，当孩子犯错的时候，采取严厉的惩罚措施，甚至体罚。体罚正是中国父母对孩子常用的方式，包括打揍、罚站、面壁等。由于体罚总伴随着父母的情绪爆发，容易使孩子产生逆反心理或委屈情绪，甚至导致自信心的丧失，这对于孩子的成长极为不利。其实，"牢记错误"不是重点，"改正错误"才是目的。父母不妨温柔地对待孩子的错误，用正确的方法引导，不仅会让孩子意识到自己的错误，还增强了孩子勇于发现错误的信心和勇气。

允许孩子失败，"输得起"的孩子才有更多赢的机会

◎ 父母的烦恼：

查太太的儿子叫小强，现在上初中一年级，是一个好强的孩子。他在学校认真听讲，回到家主动学习，从来不用父母催促，也非常有责任心。查太太越是看到这一点，越是对孩子表现得更宽松些，认为这样才能给他完善的成长环境。

但事实上，似乎孩子的成长方向并如父母预期的那样完美。查太太在谈到自己的儿子时说："有一次班里选班长，儿子觉得自己不论是能力还是责任心都能胜任，就信心百倍地参加竞选，并且在竞选演讲中充分展示了能力与信心，也获得同学们的掌声。可是等到投票结果出来，他却以一票之差输给了班里的另一个同学，班长的职务就与他失之交臂。孩子很失望，放学之后，没理会同学，就一个人回家了。这次的失败对孩子的打击很大，他不知该怎样来应对，无论我们怎样开解，告诉他一两次的失败并不代表什么，只要尽力就可以，可是孩子依然背负了沉重的包袱。虽然表

面上孩子还是和以前一样上学、放学，但我感到孩子好像变了，他不再那么开朗，开始变得做什么事都畏首畏尾，好像很怕输。我真不知道该怎么办了，怎样才能帮助孩子走出失败的阴影啊？"

小强的这种心态就是"输不起"，这在很多成绩优秀的青春期孩子身上都有发生。这些孩子有主动的上进心和要强的性格，但一遇到失败，就很容易产生挫折感而变得一蹶不振。其实，这与父母的教育方式有关。有些父母和小强的父母一样，虽然倾心于为孩子创造宽松、舒适的生活学习环境，但极有可能会适得其反，给孩子造成一种更大的、无形的压力，导致孩子因精神过度紧张而屡屡受挫。他们以为，孩子学习成绩好，就可以忽略孩子的心理成长。而实际上孩子内心的能量并没有那么强，但是父母无形中所施加的目标又很大很远，所以孩子会在一些竞争方面的事情上表现得异常紧张，因为他们想利用这些来证明自己的能力。

还有一类父母，他们对于孩子的要求过于严格，不允许孩子犯一点错误，不允许孩子失败，希望孩子在成长的道路上能少走弯路，或者不走弯路。于是，当孩子做出了一个决定，而这个决定在父母看来是肯定要失败的时候，父母们往往接受不了，急于上来阻止孩子走错路或者直接"越俎代庖"。事实上，孩子不走弯路、不经受失败这种愿望是不可能的。人的一生，不可能一帆风顺，只有经历了挫折与磨难的考验，孩子才能真正地成长。

在这两种教育态度下成长的孩子，哪里经得起风雨。因此，从现在起，父母要改变自己的教育态度和方法，要让孩子明白，"失败"也是一种人生经历，要让孩子经得起失败。

♣ 心理支招：

1. 失败是孩子的权利，允许孩子失败

孩子的成长过程是个必然伴随着错误失败的过程，这个过程是任何人都不能代替的。父母爱孩子，并不是要包办代替、过度保护孩子，因为在爱的旗帜下，孩子们感受失败的权利被剥夺了。

虽然有时孩子的水平可能确实不如大人，知识、技能方面都没有成人熟练，但这就是他们的成长。他们必须经历一个自我探索的阶段，因此父母对孩子的这种所谓的失败，要给予理解，给予宽容，只有亲身经历过失败才能使孩子长大成熟起来。也正是经受失败的一次次洗礼，孩子的羽翼才会逐渐丰满，心智才会逐渐成熟。这一过程，父母可以引导，但绝不能代替。

2. 鼓励孩子去冒险

孩子如果总是逃避风险，就会缺乏战胜失败与挫折的信心，因为他不了解成功的真正含义。如果你希望孩子自信，那么，就让他为了成功而锻炼。鼓励他去做他从来没有做过的事，对他试验的新计划大加赞扬。父母应让孩子记住，有缺点是正常的，在一件事情上的失败并不等于是一个失败者。

3. 提高孩子解决问题的能力，引导孩子在失败中站起来

做父母的，都希望孩子能在成长的路上少遇到一些失败的经历，这是人之常情。但父母在平时的生活中不要过分刻意地为孩子排除一些在正常环境中可能遭遇到的困难。当孩子遇挫时，父母不要立刻插手，不妨留给孩子自己面对失利的空间和机会。当孩子不能独自解决的时候，你可以和他一起讨论，引导孩子去思考，然后让他自己去执行解决的办法。

身处逆境、遭遇挫折对人来说未必都只是具有消极的意义，适度的挫折是一种挑战和考验，可以帮助人们驱走惰性，成为动力，促进人们奋进。"失败"也是一种人生经历，孩子正是由一种不完美走向完美，从不成熟走向成熟，这就是一个长大的过程。总之，对于青春期的孩子，父母要培养他们"输得起"的心态，只有这样，他们才有更多赢的机会。在孩子稚嫩的心灵埋下百折不挠的种子，帮助孩子树立正确的人生思想，教育孩子坦然面对挫折，指导孩子稳妥地驾驭环境，增强孩子的心理免疫力，才能使孩子健康快乐地走好人生的每一步！

直面恐惧，让孩子拥有过硬的心理素质

◎ 父母的烦恼：

林太太是个很贴心的母亲，她有个女儿名叫小妍，今年15岁。上初中以来，小妍迷上了围棋，也参加了几场比赛，但总是惨败而归，甚至对下围棋都产生了恐惧心理。后来，经过母亲的鼓励，小妍才大胆走出了失败的心理阴影。

再谈到这件事时，林太太说："当我女儿在下围棋时出现了那样的情况以后，我总是有意识地引导：下围棋时肯定会有输赢，只要你好好学，什么时候技术超过了别人，你就能战胜对方了，如果你现在还比不上人家，被别人吃掉时，你也要勇敢些，别哭。你下围棋时多用小脑袋想想，是哪里出错了……在一次又一次的心理引导和实践的体验中，孩子的承受力渐渐增强了。现在她也参加了围棋班的学习，考验的机会也多了，但孩子对于失败的面对也更坦然了。"

的确，孩子毕竟是孩子，面对挫折和失败，难免会产生负面情绪，甚至会变得恐惧。父母是孩子人生路上的老师，当孩子一蹶不振时，一定要帮助孩子勇敢地走出来。

"要战胜别人，首先须战胜自己。"这是智者的座右铭。实际上，任何人，面对挫折，最大的敌人不是挫折，而是自己，是内心的恐惧。如果你认为你会失败，那你就已经失败了。说自己不行的人，爱给自己说丧气话，遇到困难和挫折，他们总是为自己寻找退却的借口。殊不知，这些话正是自己打败自己的最强有力的武器。

对于青春期的孩子来说，他们并不像成人一样有很强的自我调节能力，他们需要父母的帮助。面对恐惧，他们常有的表现之一通常是躲避，而试图逃避只会使得这种恐惧加倍。只要孩子能去做他所恐惧的事，并持续地做下去，直到有获得成功的纪录做后盾，他便能克服恐惧。这个过程中，身为父母起着不可代替的作用。

♣ 心理支招：

1. 告诉孩子"你能行"

生活中，许多孩子总是认为"我不行"。而之所以他们会有这样的意识，有两个来源：一是源于自我，叫做自我意识；二是源于他人，叫做外来意识。有些父母总觉得自己的孩子不行。一个孩子这样说："我想学游泳，我妈妈说，你不行，你从小体弱，下水会淹着的!我想学炒菜，我妈妈又说，你不行，会烫着手的!我想学骑车，我妈妈说，你不行，会摔着的……不行，不行，我什么时候才能行?而妈妈的回答居然是'你是个女孩!'"

父母这样做，看上去是爱护孩子，实际上是害孩子。久而久之，孩子会认为自己是弱者，觉得自己真的什么都不行了。"我不行"在孩子的头脑中一旦扎下了根，孩子就会变得对做任何事都没有信心，会觉得离开了父母和老师寸步难行。而"我能行"是一种正信息，是成功者必备的心理素质。总用正信息来调控自己，一种"我能行"的形象也就不知不觉塑造出来。

2. 给予引导

当孩子遭遇挫折和失败时，父母应引导孩子分析受挫折的原因，从中汲取教训，并想办法克服困难。当孩子自己克服了困难时，父母应鼓励、肯定，让孩子体验成功的喜悦，增强克服困难的信心。如果他独自克服不了困难，父母应给予适当的安慰和帮助，以免造成孩子过分紧张，影响身心健康。

3. 借助孩子的其他优势来激励他

在某一领域里的充分自信，可以帮助孩子更好地面对来自其他方面的挫败。如果面临挫折，孩子将自己的优点丢在了脑后，父母一定别忘了提醒他，借助优势激励他改变弱势的信心。

"女儿在前段时间要去参加捏泥塑比赛，作为妈妈自然希望她取得好成绩。于是回到家我总想方设法让她多练习。女儿虽然对动手操作感兴趣，但是对于难度大一些的事物总是不想多实践。我觉得我得先让她对于难的事物感兴趣，兴趣是最好的老师。于是我跟她说：'你看你刚才捏的这个真的很难，妈妈只教了你一次，你都捏得比妈妈好了，真了不起。那一个好像更难了，我们一起来捏，你教教妈妈好不好啊？'女儿借助自己的优势而树立起来的信心，去改变她对于难度大而不愿实践弱势的信心。"

通过优势激励，能让孩子有一种自我价值的肯定，这种心理暗示，能鼓励孩子逐渐克服失败的恐惧。

4.在日常生活中多鼓励孩子做一些他没有做过的事

做曾经不敢做的事，本身就是克服恐惧的过程。孩子走出第一步，敢于尝试，就说明他已经突破自己了。在不远的将来，即使孩子还会遇到很多困难，但因为有勇气，孩子一定能自己面对。

总之，作为父母，需要记住的是，挫折教育并不是为了让孩子接受挫折，而是为了让孩子获得自己克服困难和挫折的勇气。在这个过程中，如果孩子产生了恐惧心理，你一定要当孩子的引路人，给他足够的鼓励和指引。

拿第一却不高兴
——孩子获得了好名次，内心压力反而更大

◎ 父母的烦恼：

刘先生的女儿名叫小凡，今年14岁，刘先生一直以小凡为骄傲。这不，初二伊始，小凡就报名了第三届市校园主持人大赛，经过资格赛、预赛、半决赛和总决赛，小凡从160多名小选手中脱颖而出，获得了"金话

简奖"。这历时近两个月的比赛，看到女儿从刚开始率性的自我介绍到后来镜头前自如地主持，刘先生真切地感受到了女儿一路的成长，因而倍感欣慰。

比赛结束这天，刘先生和妻子准备了一桌子的饭菜，为女儿的成功庆祝。傍晚，女儿从学校回来，所表现出来的并没有刘先生想象中的高兴，反而是一脸愁容。

"怎么了，拿了第一名应该高兴啊。"

"我知道，可是这次我拿了第一名，下次我还能拿第一名吗？今天老师已经表态了，以后这种比赛项目我都要参加。我要是拿不到奖项，老师一定会失望，同学们也会笑话我，我也对不起你们。这次参赛，从主持词的撰写到排练节目，从发型的设计到服装的搭配，你们是全程陪同的。我参赛时唯一的念头就是拿第一，可是谁能保证下一次呢？"

听到小凡这么说，刘先生若有所思，原来女儿担心的是这个。是啊，一个已经站在成功者位置上的孩子或许更害怕失败吧！

我们不得不承认，很多成绩优异的青春期孩子都有和小凡一样的烦恼，尤其是在获得好名次之后，他们在欣喜之余，往往内心压力更大。其实这是一种输不起的心态。

曾经有篇报道，内容讲的是一个成绩优异的初中男孩离家出走的故事。这个男孩在小学成绩一直名列前茅，其他方面也甚优，他从来就没输过。然而上了重点中学之后，他在众多的尖子生中很难再独占鳌头。他输不起，所以选择了出走。

还有一篇调查报告显示，某市重点高中高考落榜的学生中有4名服毒自杀，后因抢救及时才生还。

这4名中学生为什么自杀？也因为他们输不起。一直优秀的他们心理压力很大：如果下次考试成绩不理想怎么办？如果老师和父母失望怎么办？有了这些消极的想法后，他们自然无法以坦然的心态面对学习和生活，不仅影响学习，还影响竞争时的发挥，一旦失败，便无法接受而选择自杀。

其实，在这种情况下，孩子之所以压力大，与父母也有着很大的关系。每当孩子成功后，一般都会这样对孩子说："下次继续努力，一定要再考好一点。""不要骄傲，你还有更大的目标。"而这无疑是告诉孩子："你下次不许输。"这是一种无形的压力。因此，作为父母，如果你希望孩子真的从竞争中获取知识、锻炼自我，就必须让孩子摆脱这种压力。

♣ 心理支招：

1. 父母首先不要只关注孩子的名次

当父母把沉重的分数、名次强加在孩子身上时，实际上是剥夺了孩子对丰富多彩的生命体验，剥夺了他的人生选择权，剥夺了他的快乐和健康。这是在爱他还是在害他？

好学成性的孩子、终身学习的孩子会越学越有学习的劲头；为考试、为名次学习的孩子，学到一定时候就会厌倦学习、痛恨学习。这是教育成功与否的分水岭。只要孩子肯钻研、爱学习，不管成绩怎样，都是值得赞赏的。相反，孩子一心就想得高分、获好名次，那才是值得警惕的。

2. 引导孩子全面发展

一个只专注于某一方面特长或者某一爱好的孩子，一般在此方面投入的精力更多，期望也就越多。但"人外有人，山外有山"，即使他们这次成功了，但并不一定代表他们永远成功。而如果父母能培养孩子多方面的能力、兴趣、爱好等，那么，孩子在拓展视野的同时，也会学习到各种抗挫折的能力、知识、经验等，具有较完善的人格。这对于提高孩子的自理能力、交往能力、学习能力和应变能力都有很大的帮助，也为他们独自战胜困难提供勇气和方法。

3. 鼓励孩子勇于创新

孩子害怕下次失败，主要是因为他们害怕被超越。那么，作为父母，只有让孩子明白，进步才能获得更强的竞争力，那么，孩子便能把压力化作动力。然而，没有创新就不可能进步。因此，父母在教育孩子时，要善于激发孩子的求知欲望和求知兴趣，鼓励孩子多动脑、动手、动眼、动口，使其善于发现问题，提出问题，并尝试用自己的思路去解决问题。不要用传统的现成答案和传统的教育模式来限制孩子，束缚孩子思维的手脚。当孩子表现出其"新思想"、"新发明"时，父母应及时给予肯定和表扬，并鼓励孩子坚持探索。

总之，作为父母，要让孩子明白，积极参与竞争是对的，但是不应该把"第一"当成竞争的唯一目的，而更应该在参与过程中培养良好的品质，如遇事冷静、沉着、性格开朗等。这些个性品质比"第一"重要得多。

青春期的孩子爱厌学，父母该如何耐心引导

望子成龙、望女成凤是很多父母的期望。学习成绩的好坏从一定角度上来说是衡量孩子学习状况好坏的重要指标。毋庸置疑，孩子青春期的主要活动是学习。青春期的他们，科目比小学显著增加，学习任务急剧加重，但同时，他们也有强烈的求知欲和广泛的学习兴趣。因此，这段时间的孩子最需要父母给予学习上的辅导。因此，你不仅要做好父母，还要做好孩子的家庭教师。针对孩子的学习困扰，父母一定要引起重视，但更要注意方式。父母要从心理学的角度着手培养孩子的兴趣，激发孩子的求知欲，传授正确的学习方法，从而让其提高学习效率，提升学习成绩！

学习到底为了什么——让孩子明确找到学习的真正动力

◎ 父母的烦恼：

有一天，小伟和王刚在家里玩游戏。那天是周六，两人居然玩了一整天。当小伟的爸爸妈妈回来时，两人还在"战斗"中。小伟爸爸有点生气，但为了教育孩子，他准备语重心长地和他们聊聊。

"小伟，你以后的理想是什么？"

"当然是做建筑工程师了，盖摩天大楼。"小伟毫不含糊地回答。

"那你知道你现在的学习目标了？"

"当然喽，我中考要考上省里最好的高中，然后进实验班。"

"那刚子，你呢？"小伟爸爸转过来问。

"我也不知道呢，走一步算一步吧。"

"那你学习是为了什么，你知道吗？"

"为了我爸妈啊。我考好了，他们在单位同事面前就很有面子了。"王刚得意地回答着。

"刚子，你这么想就不对了。我们学习都是为了自己，爸妈在同事面前夸你，是因为他们高兴，最终受益的是我们，知道吗？"小伟纠正道。

"小伟说得对，刚子，你这种想法可不对。谁都希望子女比自己强，辛辛苦苦地供孩子读书，也是希望孩子以后能有好的生活。"小伟爸爸补充着。

"怪不得我平时老不爱学习，是因为我没有学习动力，是吗，叔叔？"

"是啊，给自己确立一个目标，努力朝目标奋斗，你会看到，成功将离你越来越近。"

经过这一番谈话后，王刚来找小伟的次数明显是少多了。原来，他是躲进书房学习去了。在接连几次的月考中，王刚的成绩提升得很快。

的确，青春期的孩子正处于身心发展时期，更是学习发展的绝佳时期。孩子学习没有动力，是由于缺乏学习动机造成的。

任何人做事都有动机，学生学习也是如此。只有找到自己学习是为了什么，才会为之付诸行动，才有学习的动力。缺乏学习动机的孩子，一般都有以下表现：讨厌学习，上课开小差，思想不集中，不能按质按量地完成作业，学习活动、学习时间少，学习不努力；总是为自己的学习寻找借口，拖延时间，用其他活动来取代学习活动，占用学习时间。

那么，造成孩子缺乏学习动力的原因是什么呢？

影响孩子学习动机，是很多因素共同起作用的，包括其自身需求、家庭因素、学校的教育模式等。比如，作为父母，都希望自己的孩子以后能飞黄腾达，为自己争面子，而这一"自私"的心理，就很容易让孩子产生逆反心理，认为自己学习的目的是为了父母的面子；另外，中国的学校都以升学率为教学目标，这种单一化的教育目的优势不符合孩子的心理需求，也会影响孩子的学习动机。另外，社会上的一些拜金主义、读书无用论等价值观念，都会影响到孩子的价值取向，进而影响孩子的学习动机以及学习的积极性。

因此，作为父母，要帮助孩子明确学习的目标，使其找到学习的动力。

♣ 心理支招：

1.告诉孩子学习是为了自己

青春期，很多孩子对自己的人生路途比较迷茫，不明白自己为谁读书，为谁学习。更多的孩子认为是为父母学习，为了给父母争面子。这种学习态度直接导致了孩子对待学习和生活冷漠，没有热情，对什么都没有兴趣，觉得整个世界都是没有意义的，整个精神状态看起来都无精打采，对什么都不在乎。

其实，作为父母，一定要告诉孩子：读书是为了自己，知识改变命运，获取知识，是为了让自己未来的人生路走得更平坦。只有鼓励孩子思考自己为什么读书、为谁读书，考虑清楚这个问题，他才能找到学习的真正动力！

2. 阐述自己的经验，告诉孩子学习的重要性

孩子年幼的时候，可能不懂为什么父母要自己好好读书。但在青春期时，父母应有意识地向孩子阐述自己的经验。比如，你可以告诉孩子：在这样一个竞争十分激烈的社会中，没有知识，就等于没有生存的本领，每个人都在用知识为了自己的未来打拼。寒窗苦读的过程的确很辛苦，但这是任何人立于世的必经过程。

孩子有了这样的心态，即使他们在学习过程中遇到了很大的压力，也能找到适当的方式发泄一下。总之，孩子有了学习动力和目标，学习起来才会精神抖擞，朝目标迈进！

厌学情绪大——帮孩子找到学习的兴趣所在

◎ 父母的烦恼：

钱先生儿子小伟的成绩一直很好，但永远是第二名，因为第一名总是被一个叫"韩博士"的男孩拿走，三年下来，几乎岿然不动。但最近这几个月，小伟居然稳拿了几次第一。

为了奖励小伟，钱先生决定开一次"学习心得交流会"，没想到，小伟却说："那个'韩博士'退学了。"

"为什么？"

"'韩博士'的父母很早就出国了，把他丢给了爷爷奶奶。爷爷奶奶对于他关怀备至，让他衣食无忧，还生怕他在小伙伴中吃亏，所以他与同龄人的接触机会被剥夺了。同学们都说他太自私，不愿与他来往。他自己也将自己封闭在小圈子里，一心向学。上初三后，他的心变得不安起来，

看到班上的同学三五成群在一起聊天、说笑以及讨论问题，他感觉到更加孤独。他逐渐觉得自己读书不快乐，于是试着走近同学，但同学却不太理他，他自己也感觉融入不进去。渐渐地，他为上学发愁，看书更添烦恼，上课不认真听讲，沉默寡言心事重重，几乎不再拿书本，学习成绩在全年级第一变成倒数。前不久，他爸妈回来了，给他办了退学，估计是去另外的学校了。"说完以后，小伟长叹了一口气。

"韩博士"之所以学习成绩下降，是由于失去了学习的动力，找不到学习的乐趣和动机。青春期是孩子长身体、长知识、长智慧的时期，也是其道德品质与世界观逐步形成的时期。他们面临着生理与心理上的急剧变化，加之每天周而复始的学习生活，很容易产生心理上的"变异"。一般表现在以下三个方面：

第一，不认真上课，注意力不集中，思维涣散，或者打瞌睡，或者做小动作，严重的还会干扰其他同学听课。

第二，课下不愿意自主学习或者根本就不学习，对于老师布置的作业或者练习，也是草草了事或者根本就不予理睬。对考试、测验无所谓，只勾几道选择题应付了事，既不管耕耘，更不管收获。

第三，逃学，这是厌学的最突出表现，也是最严重的表现。这些学生总是找理由旷课，然后，外出闲逛、玩游戏等。严重者，甚至跌到少年犯罪的泥坑。

毕竟，每个人做任何事，都是有目的的。如果孩子没有学习目的，也就没有学习的动力了。一般来说，孩子除了学习外，都有自己的兴趣和爱好。作为父母，如果能正视孩子的这些兴趣并加以鼓励，并利用这种兴趣引导孩子明确学习的目的，那么，孩子就可能热衷于学习了。

♣ 心理支招：

1. 挖掘孩子的兴趣

可能很多父母认为，孩子好像除了厌恶学习以外，对什么都感兴趣。

其实，这是一个普遍现象。曾经有一个调查：一方面，50名孩子中只有4名没有过对学习的厌烦情绪；另一方面，孩子的兴趣丰富多彩。另外，还有一个调查：如果可以不按学校的课表上课，请孩子们自己给自己列一个课程表，而结果是：

（1）第一节课是音乐，第二节课是电影，第三节课是异国风情，第四节课是英语；（2）全天上物理、化学；（3）第一节课是自学，第二节课是体育，第三节课是英语，第四节课是班会……

从这一调查中可以发现，孩子们对于那些文化知识，似乎都存在一定程度的厌烦情绪。为此，父母要在日常生活中多观察，发现孩子感兴趣的事物，从而引导其确定学习目的。在培养孩子的兴趣中，要给孩子一个机会，让他自己去品味，真正找到一种成就感，他可能就有兴致了。

2.把孩子的兴许和学习联系起来，让孩子产生明确的学习目的

比如，父母可以这样问："你为什么对电脑游戏这么感兴趣呢？"

"因为我想当个游戏的开发人员啊。"

"真没想到你有这样大的抱负，但游戏开发不是一个很简单的行业，一般人是进不了这个行业的。"

"那爸爸，您觉得怎样才能进入这个行业呢？"

"只有进入高等学府去深造，掌握大量的科学知识，在前人技术的基础上有所创造。"

当孩子听完这些后，就会有一种想法：我必须考上大学，然后在这个领域深造，才能进入这一行业。这样，孩子就会真正明白：他应该去好好学习了。

而在这一过程中，整个交谈氛围是很和谐的，也使得亲子之间的感情在一点点升温，孩子对父母既感激又崇拜。

3.培养孩子坚持不懈、独立进取的个性

孩子的学习目的与独立进取的个性是密不可分的，个性是独立进取还是被动退缩与动机水平关系密切。如果孩子生性懦弱且不思进取，缺乏上进心且抱负水平低，只能使学习处于被动状态，甚至恶性循环，那么，也

就很难树立一个正确的学习目的。如果孩子懂得学习的重要性，懂得积极进取，那么，父母在帮助其产生学习目的的同时，也会省心很多。

同时，当父母肯定了孩子的兴趣，引导孩子产生了明确的学习目的后，要经常给孩子敲个警钟："你要想成为游戏开发员的话，就不能这么浪费时间不学习哦！"在父母的督促下，孩子会逐渐养成坚持不懈的个性，在学习时，也会更有动力。

"课外辅导班好累"——不要盲目为孩子报各种特色班

◎ 父母的烦恼：

黄先生的儿子黄俊是个"大忙人"，似乎他的时间总是不够用。黄先生没有征求他的意见就为他报了书法培训班、英语口语班和奥数三个培训班。周末的时候，黄俊都没有自己的时间，周六上午去学书法，周日下午学奥数，晚上练口语，还要做老师布置的课下作业，时间被排得满满的。

每当周末去培训班的路上，黄俊看到同龄的孩子在自由玩耍的时候就特别羡慕。他多想和爸爸说他不喜欢那些培训班，但是看到爸爸陪他时的辛苦，又难以开口。他觉得很压抑，生活得很不开心，这些培训班已经影响了他的正常学习。

其实，在黄俊的班上，深受培训班之苦的还不止他一个人，只不过黄先生为儿子报的特色班实在太多了。

当孩子进入初中以后，随着学习、竞争压力的增大，为了孩子不掉队，为了对孩子的升学有帮助，很多父母就盲目地为孩子报各种培训班。也有一些父母，抱着跟风的心理。一名家长说，担心孩子在普通班觉得"低人一等"，只得给孩子报了一个计算机特色班。

教育界有关人士在接受记者采访时表示，父母不要盲目为学生报课外辅导班。每个学生自身的情况不同，既有智力因素，也有非智力因素。父母要了解孩子成绩不佳的根本原因，比如有些孩子是因为父母要求过高造成厌学心理，有些孩子受家庭环境影响导致无心学习，有些孩子生活和学习懒散拖沓等。如果不从根本上找到症结，报名参加课外辅导班往往会事倍功半。

父母为了孩子好，希望孩子有一技之长，希望孩子将来能够更好地在社会上立足，出发点是很好的，但他们忽视了孩子内心的需求。其实父母的一厢情愿很少能够达到成功的教育目的，反而会引起孩子的逆反心理，阻碍孩子的正常发展。

而对于青春期的孩子，他们的自主意识增强，只有当特色培训班和他的爱好、兴趣相符合时，才会取得理想的效果。而且，孩子的精力是有限的，他们还肩负着沉重的学业负担，为孩子多报培训班，会让孩子不堪重负，这是违反正常的教育原则。

那么，父母在为青春期的孩子报特色班时，应遵循什么样的原则呢？

♣ 心理支招：

原则一：尊重孩子的兴趣和爱好

给孩子报特色班，应该从孩子的兴趣爱好出发，否则可能会事与愿违，严重的还会导致孩子产生厌学情绪，对其生活和学习造成消极影响。在缺乏尊重的家庭环境中，孩子没有自己的意识，丧失独立自主的能力，将来走上社会，也难以适应社会的发展。

作为父母，应该尊重孩子的身心发展规律，在了解孩子的兴趣的基础上，和孩子商量，征得孩子的同意之后再为孩子报培训班，这样孩子会感激你的理解，在学习的过程中才会更有积极性。

原则二：要听取孩子的意见

孩子也是独立的个体，尤其是进入青春期的孩子，他们更希望从父母那里得到认同。父母在为孩子报特色班时，应认真耐心听取孩子的意见。

原则三：父母不要有功利心理，应允许孩子发生兴趣转移

人的兴趣爱好不一定是一成不变的，大人亦是如此，更何况孩子。随着年龄的增长，孩子接触面的拓宽以及自身社会经验的加深，他们的兴趣也可能发生变化，比如，小时候他喜欢钢琴，而现在却对计算机产生兴趣。而有些父母，出于功利心理，不能接受孩子的兴趣转移。比如因为当初给孩子买了钢琴，就不允许孩子的兴趣再发生变化了。这些父母可能强迫孩子天天练琴，直到孩子彻底丧失对弹琴的兴趣。这种做法并不可取。

其实孩子拥有丰富的兴趣对自身发展而言是种提高，父母要鼓励孩子全面发展自己的兴趣，允许孩子的兴趣发生转移。

原则四：父母不要盲目跟风

现在社会充溢竞争，很多父母看到其他孩子报特色班，害怕自己的孩子掉队，所以会盲目跟风，自行为孩子报特色班。孩子在培训班上心不在焉地听着自己并不感兴趣的课程，为此失去很多自由。但是父母却无视孩子的心情，对报培训班乐此不疲。

父母在为孩子报培训班时要多一些理性，综合考虑孩子的爱好和培训班的教学质量，不要盲目地跟从其他人的选择。父母在众多的培训班广告前擦亮眼睛，征求孩子的意见。只有适合孩子的才是最好的，以培养孩子的兴趣为主，让孩子在快乐的培训中发展自己的喜好。

因此，父母要慎重地为孩子选择培训班，不要盲目跟风，要在尊重孩子的基础上，根据孩子自身的特点和爱好帮孩子报特色班，才能使孩子获得长足发展，为他顺利走向社会做好铺垫。

时间总是不够用——帮助孩子制订合理的学习计划

◎ 父母的烦恼：

学校每个月的家长会又要召开了，这次家长会的主题是"如何帮助孩

子高效的学习"。家长会的目的也就是众多的家长一起交流心得，互换教育的意见，为孩子找出更好的学习方法。在这一点上，周太太似乎很有经验。

"周涵涵是怎么学习的呀？"很多家长凑在一起讨论。

"听说，你们家涵涵并不是每天晚上做题到深夜，我每天罚我们家王刚做很多习题，可是学习成绩就是不见好啊，这是怎么回事呢？"

"是啊，我看我们家儿子也是，每天回来忙忙碌碌的，有时候，饭都顾不上吃，努力学习，可学习成绩还是处在中等水平。"

"孩子进了初中，就不能再让他以小学时候的学习方法学习，得重新帮他制订一个合理的学习计划了，孩子才会高效地学习呀，不然学没学好，玩没玩好，孩子是两头受累啊！"周太太一句话惊醒了在座的很多家长。

可能很多父母会发现，你的孩子很懂事，即使你不叮嘱，当他进入青春期后，也逐渐认识到了学习的重要性，认识到初中课程量的加大、学习的紧张等。于是，当他跨入初中大门的那一刻起，他就决定要做个优秀的同学，努力学习，希望可以仍然走在队伍前列。但事实上，他们似乎总是力不从心，似乎总是感觉时间不够用，学习效率也很低。这是为什么呢？

其实，孩子是缺少一个合理的学习计划。合理的学习计划是提高孩子成绩的行动路线，是帮助孩子成功的有力助手。没有学习计划，学习便失去了主动性，容易造成东抓一把西抓一把，以至生活松散，学习没有规律，抓不住学习的重点，因而总是被其他同学远远地甩在后面。

因此，父母要切实指导孩子制订合理的学习计划。制订一份合理的学习计划，就等于为孩子找到了促进学习进步的金钥匙。帮助孩子制订严格的学习计划，养成守时、有序、高效的好习惯，是孩子一生受用不尽的财富。从人生成功的角度讲，统筹规划的意识和能力是一个要做大事的人取得成功所必须具备的一项重要素质，而这种素质只能在从小就习惯制订具体的学习计划并严格执行的实践中才能培养形成。

当然，孩子的学习计划应该由他自己来制订，父母所要做的应该是从旁协助：帮助孩子把学习计划合理完善，监督孩子的执行，结合实际提出修改意见等，而不是越俎代庖，按照自己的希望亲自制订。

那么，父母应该怎样帮助孩子制订学习计划呢？

♣ 心理支招：

1.合理安排时间，制订出作息时间表

比如，你可以让孩子制订出一张作息时间表，让他在表上填上那些非花不可的时间，如吃饭、睡觉、上课、娱乐等。安排这些时间之后，选定合适的、固定的时间用于学习，必须留出足够的时间来完成正常的阅读和课后作业。完成这些后，你要看看他在时间上的安排是否合理，比如，每次安排的学习时间不要太长，40分钟左右为最佳。学习不应该占据作息时间表上全部的空闲时间，总得让孩子给休息、业余爱好、娱乐留出一些时间，这一点对学习很重要。一张作息时间表也许不能解决孩子所有的问题，但是它能让你了解孩子如何支配时间。

2.学习任务明确，目标切合实际

孩子制订完学习计划后，父母应当加以审核，要确保孩子学习任务明确，目标符合实际。因为很多孩子制订学习计划时，总是"雄心勃勃"，一天的时间恨不得要完成一周的任务。这样不切实际的目标往往是导致计划不能正常执行的主要原因。

还有一些孩子，制订的学习计划很模糊，比如，晚饭后背外语，睡觉前温习课文等。这种计划看似没有什么错误，似乎也足够具体，但实际效果并不如意。因此，这种任务虽然可以给孩子一种学习的方向感，但并不具体，以至于孩子到了执行计划的时候，会不知从何开始。如果把目标再具体细到：晚饭后背单词10个，睡觉前温习第几课课文，晚上8：30整理出三角形公式，这样效果会更好。而且如此具体的任务分配也有利于孩子自检任务完成状况。

3.学习计划应与教学进度同步

父母在帮助孩子制订学习计划的时候，一定要注意这点，只有这样，孩子才能把预习和复习纳进学习计划中。这就要求，在制订学习计划时，要以学校每日课程表为基准，参照学校老师的授课进度，再让孩子结合自己的学习状况制订计划。

4.计划应该简单易行而富有弹性

正常情况下，计划都应该严格按时完成，但孩子的生活要受很多因素影响，难免会有特别的情况，所以就要求计划不能过于死板，要有一定的灵活性，可以不至于因为一个环节不能完成而打乱后面的所有计划。

父母在帮助孩子制订计划后，还要监督和协助孩子执行计划，通过科学的安排、使用时间来达到这些目标，要以充足的睡眠、合理的进餐与有序的学习相结合，否则，即使再完美的计划，也只是纸上谈兵！

知识点怎么都记不住——帮孩子寻找适合自己的记忆方法

◎ 父母的烦恼：

李太太最近很烦恼，孩子到了初中以后，好像就变得很迟钝，以前一篇古文很快就能背诵下来，现在每天抱着书本读英文单词好像也记不住。为了帮助孩子解决烦恼，她请教了小区里的一个文科第一名。

"我用的是目录记忆法和闭目回想法。目录记忆法，指的是：首先不要直接背内容，先把大目录背牢，然后再背小标题。这样体系建立了，各历史事件的关系也更明了，对整本书的理解也会加深。在背目录和小标题的时候会有很多新的领悟，直接背史实是很难体验到的。"

另外，她说自己在记忆上还有个小窍门——"闭目回想法"。她是这样做的：先闭上眼睛，然后回想书上某页的画面，接着可以自己去填充里面的具体内容了。如果发现有个地方怎么也想不起来，就马上翻书，仔细地把这个盲区"扫描"一遍，然后继续闭上眼睛回想下面的内容。这种方法对于加深记忆非常有效。

当然，案例中的方法并不一定适用于所有人，但可以得出的经验是、无论什么记忆方法，只要有助于记住知识就是有效的。

记忆，就是过去的经验在人脑中的反映。它包括识记、保持、再现、回忆几个基本过程。其形式有形象记忆、概念记忆、逻辑记忆、情绪记忆、运动记忆等。记忆的大敌是遗忘。

记忆力差是很多青春期孩子苦恼的事情之一：课上学的知识很快就忘记了，有时候一个单词本来已经熟练地记下了，可很快就忘记了；做事丢三落四。这就是记忆力差，事实上，记忆力也是可以增强的。

青春期的孩子需要学习的科目众多，但人的精力有限，要记住课上课下的众多知识点并不容易，很多孩子都感到自己记忆力差。说到记忆，其关键是不要死记硬背，而是应该有自己的记忆方法，因为不同的人有不同的记忆习惯。有本书上说不同的人记忆方法也不同，大体可分三类：一类是听觉型，一类是视觉型，还有一类是综合型。听觉型对听到的东西记得特别清楚，所以这类人在记忆时最好能念出来；而视觉型需要多看，念出来则帮助不大。

♣ 心理支招：

提高记忆力的过程，实际上也是克服遗忘的过程，培养良好的记忆能力也不是什么不可能的事，只要孩子在学习活动中进行有意识的锻炼。为此，父母可以告诉孩子以下几种增强记忆的方法。

（1）兴趣学习法。兴趣是最好的老师，这话并不是毫无根据的。如果孩子对学习毫无兴趣，那么，即使花再多的时间，也是徒劳，也难以记住那些知识点。

（2）理解与记忆双管齐下。理解是记忆的基础。只有对知识点加以分析，然后理解，真正了熟于心，才能记得牢，记得久；仅靠死记硬背，则不容易记住。对于重要的学习内容，如能做到理解和背诵相结合，记忆效果会更好。

（3）集中注意力学习。其实，课堂上的时间是最好的学习和记忆时间，充分利用好了课堂时间，课后只要稍花时间，加以巩固，就能真正获得知识。相反，如果精神涣散，一心二用，就会大大降低记忆效率。因此，父母应告诉孩子，在上课的时候，要聚精会神、专心致志，排除杂念和外界干扰。

（4）及时复习。遗忘的速度是先快后慢。对刚学过的知识，趁热打铁，及时温习巩固，是强化记忆痕迹、防止遗忘的有效手段。

（5）多回忆，巩固知识。要真正将某项知识记牢，就要经常性地尝试记忆，不断地回忆。这一过程要达到的目的是，可使记忆错误得到纠正，遗漏得到弥补，使学习内容难点记得更牢。

（6）读、想、视、听相结合。可以同时利用语言功能和视听觉器官的功能，来强化记忆，提高记忆效率，比单一默读效果好得多。

（7）运用多种记忆手段。

（8）科学用脑。在保证营养、积极休息、进行体育锻炼等保养大脑的基础上，科学用脑，防止过度疲劳，保持积极乐观的情绪，能大大提高大脑的工作效率。这是提高记忆力的关键。

（9）掌握最佳记忆时间。一般来说，上午9~11时，下午3~4时，晚上7~10时，为最佳记忆时间。利用上述时间记忆难记的学习材料，效果较好。

记忆力可以通过训练得到提高。古今中外，很多名人学者都很注意用各种方法来锻炼自己的记忆力。比如俄国大文学家托尔斯泰说过："我每天做两种操，一是早操，一是记忆力操，每天早上背书和外语单词，以检查和培养自己的记忆力"。托尔斯泰的"记忆力操"实际上就是反复"复现"。作为父母，只要你能帮助孩子有计划地"复现"，他的记忆力一定会不断增强。

总之，知识的积累，就像建造房子，从砖到墙、从墙到梁，是一个循序渐进的过程。父母在督促孩子学习的时候，也一定要掌握一定的方法。

这样，孩子复习的时间不需要很长，但效果会很好，磨刀不误砍柴工，就是这个道理！

"我就是不喜欢他"——孩子不喜欢某科老师而导致偏科

◎ 父母的烦恼：

蒋先生的儿子叫蒋亮，这天，蒋先生被老师叫到了学校，原来儿子在学校"犯事儿"了。事情是这样的：

数学测验时，下课铃响了，蒋亮还在埋头答题，数学老师催了几次，他都跟没听见一样，仍在做题，老师发火了，走过去夺卷子，蒋亮用手一按，卷子撕破了，数学老师怒气冲冲地拿着卷子走了。

蒋先生理解孩子的情绪，于是，回家后，他并没有骂儿子，而是细心地跟儿子谈心。儿子终于道出了心里的委屈："我恨死数学老师了。今后，我上课不听她的课了，在路上遇到她，我也不和她讲话！"

其实，有很多和蒋亮一样的男孩，不喜欢某一位老师，于是不愿意上那位老师的课，作业不爱做，勉强应付，结果师生关系日益恶化，学习成绩严重滑坡。

不得不说，青春期孩子学习的兴趣和动力很大一部分原因在于老师。而导致孩子不喜欢某个老师的原因有很多：

（1）没有得到老师的"重视"。老师没有给他一定的工作任务，比如当干部，课堂上很少提问他，没有将目光投在他身上，也不找他谈心等。

（2）对某学科提不起兴趣。兴趣是最好的老师。孩子如果对某一学科根本不感兴趣，就对该科的老师印象不好，学习成绩就不好，老师就更不愿意重视他，这样，恶性循环就形成了。

（3）被老师批评过多。对于那些影响其他同学学习或者不遵守纪律的学生，老师一般都会出面制止并会批评，一旦某个孩子被老师批评的次数多了，在老师面前缺少成功、愉悦的心理体验，造成感情上的隔阂。

（4）与老师有某些"过节"或者误会。老师教育、批评学生时，难免出现错误，有的孩子被冤枉了，耿耿于怀，产生委屈甚至怨恨情绪，与老师感情疏远。

作为父母，必须要告诉孩子的是，青春期就要认真学习，即使不喜欢某个老师，也要认真上课。学习是自己的事，老师不可能适应每个学生去上课，把握好学习的心态，才会有学习的劲头。另外，孩子也可以主动和老师交谈，打开自己的心结，这也是增进师生关系的好办法。

♣ 心理支招：

1. 引导孩子认识不同学科的价值和意义

孩子会因不喜欢某个老师而不愿意学习某门学科，很多时候可能是因为他对这门学科的重要性认识不足。有些课的内容本身枯燥，但如果孩子能承认它"有用"，那么他们也会排除负面情绪努力学习的。

你可以告诉孩子：学会去做好不喜欢做的事情，也是走上社会之后必修的一课，无法任性地逃避。比如，你不喜欢英语，但英语是一门工具，无论你将来从事何种职业，英语都是必须掌握的。如果等到需要用的时候再努力，就失去了最佳的发展时机。

2. 告诉孩子可以先假装喜欢某门学科

人的态度对学习是很重要的，有时态度决定一切。心理学的研究表明，当一个人对某一事物不感兴趣时，可以假装喜欢，告诉自己，其实我挺愿意去做这件事的。这样一段时间以后，你就会在不知不觉中改变自己的态度，变得对这件事情感兴趣了。

父母也可以告诉孩子尝试用这个方法喜欢上某个学科。

其实很多东西，在你不会并没有获得成就感的时候，往往是"没意思"的；如果你假装喜欢，迫使自己去学习，并获得进步，这时可能就能发现兴趣。

如果孩子在某门学科上的基础差，如学习成绩不太理想，告诉他不要过分焦虑，不妨降低一点目标，采取逐步提高的办法；同时，也可以了解一下别人的学习经验，加以借鉴。要相信，一分耕耘，一分收获。当孩子的成绩有所进步时，他的信心会因此得到增强，学习兴趣也就相应地得到了提高。

总之，如果孩子因为不喜欢某个老师而偏科，那么，你不妨先培养孩子在这门学科上的兴趣。只有这样，孩子才能认识到学习的重要性，也才能真正端正态度努力学习。

快乐学习——孩子身心放松才能提高学习效率

◎ 父母的烦恼：

时间过得真快，一转眼，陈太太的女儿冰冰都上初三了。马上，她就要中考了。冰冰很明白，考前一定要调整好心态，但是她还是莫名的紧张。随着中考时间的推进，她这种紧张的情绪也越来越明显：她开始看不进去书；晚上也开始失眠；甚至有时候，连饭都不想吃……

这些陈太太都看在眼里，急在心里。她知道，冰冰一直想考进市里最好的那所高中。可是，依冰冰的实力，这个目标的确有点难。冰冰树立这样高的目标，更容易心情紧张、压力大。

于是，有一次，当冰冰看书的时候，她敲开了冰冰卧室的门，准备和孩子进行一次倾心的交谈："冰冰，妈妈没打扰你吧？"

"当然没有，反正我也看不进去书……"

"你知道你为什么看不进去吗？"

"不知道，但我知道，我很害怕自己考不好，一想到自己考不好，我就越紧张。"

"这就是你看不进去书的根源，如果你抱着'尽最大努力，考不好也无所谓'的态度的话，估计，你的心态会好很多。"

"嗯，我知道了，妈妈，谢谢你。"

父母都知道，考试要有一个良好的心态，身心放松才能考好。其实，学习过程中又何尝不是如此呢？为什么一些学生看起来学习刻苦，却收效甚微呢？因为他们没有做到身心放松。

事实上，每个人都有心理问题，心理问题就像头疼感冒一样，人人都可能遇到。青春期孩子的心理问题会变得更加复杂，如果不及时加以调解，将导致心理障碍甚至心理疾病，会直接干扰孩子学习。所以，父母应该及时帮助孩子调解心理问题，让他们以一种平常的、良好的心理状态面对学习。

♣ 心理支招：

1.认同孩子，理解孩子，感受孩子的压力

作为父母，都希望孩子学习成绩优异，但有时候并不是如父母想象的那样。于是，有些学习方法掌握得不是很好，怎么努力成绩进步也不是很明显的孩子，或是成绩起伏比较大而心理承受能力相对差一点的孩子，很有可能就会情绪波动，甚至产生畏难厌学的情绪。碰到自己的孩子恰好是这样，父母的焦急是不难想见的。其实，焦急起不到任何作用。这种情况下，父母必须保持理智与冷静，并尽量站在孩子的角度，去看待他所承受的这份压力，去感受他内心的紧张与不安，多给他一些安慰与鼓励，想办法让他放松一下心情。比如，带他出去散散步，陪他看一场他喜欢看的电影，或是一起去打打球，等等。

2.告诉孩子劳逸结合

首先要让孩子保证睡眠，晚上不开夜车。如果睡眠不足，要抽出时间补回来。另外，要适当让其参加运动。若时间允许，可在平时唱唱歌、跳跳舞或者参加一些集体娱乐活动。在看书做作业中间，做做深呼吸、向远处眺望等。

3. 教孩子理性看待分数

的确，学生很在意分数，毕竟这是学习效果的一个重要体现，但这不是唯一的体现。如果考试成绩较好，自然值得高兴；但如果考试成绩不佳，也没必要自责或者伤心。毕竟，学习成绩不是判定一个人智力或者能力的唯一标准。

为此，在孩子学习的时候，父母要告诉孩子，尽量心里不要总想着分数、总想着名次，而应该想着提高自己，不与别人比成绩，就与自己比。这样孩子的心态就会平和许多，就会感到没有那么大的压力，学习与时就会感到轻松自如的。

4. 鼓励孩子，告诉他"你行"

父母要始终相信：你希望孩子成为一个怎么样的人，他就能成为一个怎么样的人。只是要记住，千万别把这份希望藏在心底不说，也千万不要因为孩子一时达不到你的期望值就轻言放弃甚至打击挖苦；而是要相信孩子，鼓励孩子，并懂得用正确的方法引导孩子朝着你所希望的目标迈进。

对此，在孩子学习时，要帮助孩子树立信心，只要有自信什么事情都能做到。比如，孩子在中考前的某次月考中，如果他这次只考了50分，那么下次，只要他及格了，或者哪怕他依旧不及格，但只要没有退步，就应该感到很欣慰，并且要毫不吝啬你的表扬与鼓励。成绩的提高不是一蹴而就的事，而信心的重建也需要从点点滴滴开始。但只要你愿意尝试一下，就会发现，表扬与鼓励对于孩子真的有着神奇的力量。

5. 要教会孩子一些自我调节的方法

孩子的心理问题解决的最有效的是靠自己调节，父母只能及时做一些积极的引导，因为这些心理问题基本上任何青春期的孩子都会遇到，属于一般心理问题，父母没有必要放大问题。父母可以告诉即将中考的孩子，可以通过自我心理调节来解决，同时，可以引导孩子学习一些简单有效的心理学常识，并结合生活实际总结出一套切实可行的自我调节法。父母没有必要在孩子有一点心理问题时就紧张得不得了，带孩子去看心理医生，只要让孩子把闷在心里的话说出来，孩子进行自我心理调节就成功了一半。所以，父母以平等的身份尊重孩子，经常和孩子交流是很重要的。

第⑪章

青春期的孩子会交际，让孩子分清损友和益友

对青春期的孩子而言，主要的人际关系有三种类型：同伴关系、师生关系、亲子关系。当孩子在学习、生活上遇到挫折而感到愤闷抑郁时，向知心挚友一席倾诉，就可以得到心理疏导，身心也就更健康，学习更有劲。而那些孤僻、不合群的孩子，往往有更多的烦恼和忧愁，甚至影响正常的学习和生活。作为父母，要明白的是，帮助孩子提高交际能力是家庭教育的重要内容。要做到这一点，需要父母从孩子的心理角度出发，了解青春期孩子渴望交朋友的心理，进而帮助孩子真正学会如何交友，如何交益友！

什么是真正的朋友——帮孩子建立自己的择友标准

◎ 父母的烦恼：

王太太发现自己的女儿丽丽最近有点不高兴，经过问询后才得知，原来丽丽最好的朋友小芳最近有了新朋友，便不理丽丽了。王太太心想，怪不得这孩子最近也不来家里"蹭饭"了，也不和女儿一起说小秘密了。

在一次交谈的过程中，小芳告诉王太太，她认识的这帮哥们儿人都很好，经常请自己吃饭，还带自己去玩。王太太心里便有点担忧，怕小芳交了不良朋友。

果然，不到半个月，小芳就跑来对丽丽说："原来他们并不是什么好人。那天，他们说要带我去玩，我们去了台球室，我亲眼看见他们勒索别人。我现在怎么办，他们肯定还会再来找我的。"

王太太对小芳说："别担心，以后回家的路上就和丽丽、菲菲一起，人多，他们不敢怎么样。另外，小芳，阿姨要告诉你，你这种交朋友的原则是不对的，这些社会不良青年就是要对你们这些单纯的青少年下手，他们往往用的就是同一种伎俩。朋友贵在交心，而不是物质上的，你明白吗？真正的朋友是帮助你成长成才的。"

听完王太太的话，小芳和丽丽都似乎不太明白，于是，针对择友标准，王太太给孩子们好好上了一课。

青春期是每个孩子的人格发展和形成期，这时候，交什么朋友，与什么样的人交往，会对孩子的一生形成影响，不但影响其言行、穿着打扮、处世方式、兴趣趣味，还影响其价值观和对自我的认识。

交友是应该有选择的，而且要从善而择。和好人交朋友，孩子自身才能提高、完善。所谓"与善人居，如入芝兰之室，久而不闻其香"，长期与一个人在一起，自然会受到潜移默化的影响。

那么，对于青春期的孩子来说，应该选择什么样的人做朋友呢？

这个问题不能笼统而论。因为每个人的需要是不一样的，所以择友上也有不同的标准。不过，择友是有一些规则的。古人云："择友如择师。"现实生活中，一般人都喜欢找各方面或某一两方面比自己强的人做朋友。以强者、优秀者为自己平时行为举止的榜样，这一点，在青春期青少年中尤为明显。比如，有的孩子指责同伴中的一个"喜欢当官的，尽跟班干部在一起"。其实这个孩子的选择是对的。这是他的一种交友之道，无可厚非，同时，这也是出于一种使自己迅速强大起来、建立理想自我的愿望。况且，在同龄人中，见多识广、有能力的人更容易引起周围人的注视，更容易交到朋友。当然，每个人都有每个人的长处，见到别人的长处，应该学，见到别人的短处，应该戒，不可盲目自满和自卑。只要自己肯学习，肯修正自身的不足，将来一定会有作为。

当然，对于尚未成熟的青春期孩子来说，他们并不十分清楚何为正确的择友标准，这就需要父母在生活中潜移默化地告诉孩子。

♣ 心理支招：

1. 鼓励孩子拓宽自己的交友面

父母要多鼓励孩子通过广交朋友来完善自己，扩大自己的交友圈子，接纳不同类型的朋友，多层次、全方位的朋友无疑对孩子的发展是有益的。当然，还应鼓励孩子把那种见利忘义、损人利己的"小人"排除在外。

另外，父母要培养孩子有广阔的胸怀，因为只有心胸开阔的孩子才能包容朋友的过错。你也可以告诉孩子：如果你能有一两个敢于直陈己过、当面批评自己过失的诤友，那就是真正的朋友。

2. 培养孩子的观察力，教会其谨慎交友

古语云：近朱者赤，近墨者黑。是否能交到益友，关系到孩子的一生。所以，父母要教会孩子谨慎交友。你应该告诉他：

在还未了解对方的基本品质之前，仅凭一时的谈得来和相互欣赏就急急忙忙贸然地把自己的信任与情感全盘托出，容易为以后不良关系的展开埋下伏笔。

对于青春期的孩子来说，父母更要教育孩子要注意，朋友要广，但不能滥交，要恪守"日久见人心"的古训。通过与对方多次交往与活动，通过观察对方的言谈与举止，就可以洞悉对方的个性、爱好、品质，觉察他的情绪变化，从而判断他是否值得深交。

3. 告诫孩子要与不良朋友划清界限

孔子曰："损者三友，益者三友。"青春期的孩子交上好的朋友，有利于自己学习进步和个人身心全面发展，一生受益无穷。但青春期是个缺乏社会经验，不能分辨是非能力的年龄，父母不应该阻拦孩子交友，但应该告诉他谨慎交友这个道理。要鼓励他交有道德、有思想、有抱负的人做朋友，要交遵纪守法、正直、善良的人做朋友，要交学习认真、兴趣广泛的人做朋友，而对于那些不良朋友，一定要划清界限。要知道，有些孩子受周围不良朋友的影响，拜金主义、享乐主义思想不断滋长，追求奢侈的生活作风，放纵自己，不仅荒废学业，还有可能走上违法犯罪的道路。

"我想成为一个受欢迎的人"
——培养孩子良好的交往品质

◎ 父母的烦恼：

周六的早上，林太太在做家务，她的女儿走过来跟她聊天，向她说了一件在学校发生的事：

"这周三的最后一节课，语文老师给大家布置了一篇话题作文，以'我最烦恼的事'为话题。周五的作文课上，老师点评了一篇作文，是来自于班上一个学习成绩较好的女生的，其中有这么一段：

'我是一个女生，性格还是比较外向的，长相虽然算不上出众，但是自我感觉还可以。我学习成绩也不错，是班里前十名，可就是人缘不好。可能是我比较好强，看到别的女生周围有一堆男女生和她说话，我就有点不自在。女生还好点，尤其是男生，好像都很反感我，看到他们和别的女生闹我也想去玩，可是却不知道怎样加入他们。听我一个好朋友跟我说，她的同桌跟她说比较反感我，也没有说原因，还说不许我那个好朋友告诉我。虽然我是知道了，可是我很无奈，也许是因为我不太会说话的缘故吧。因为我真的不知道该怎样和男生们交谈，怎样才能让别的同学喜欢和自己说话，有共同语言。我到底该怎么办？'

老师念完以后，班上已经哗然一片了，因为虽然老师没说出这个女孩的名字，但同学们已经猜到了。老师补充道：'我把这篇作文读出来，并不是由于这篇作文写得好差的关系，也不是对这个女同学有任何的意见，只是为了引出一个问题：希望所有同学，以后不管怎样，都要相亲相爱，毕竟我们这是一个集体，我不希望有任何同学感到这个集体很冷漠。'

这次作文课上完后，那个女孩好像得罪了很多人，和她说话的人更少了。"

在说完这个故事后，王太太的女儿又问了个很复杂的问题："妈，您说我们在学校怎么样才能受人欢迎呢？"事实上，王太太明白，自己的女儿已经做得很好，周围的老师和同学都很喜欢她，但既然孩子问她，她就详细地教孩子一些为人处世的门道。

不受同学欢迎，人缘差，这的确是困扰很多青春期孩子的一个问题。每一个孩子都希望自己受大家的欢迎，能融入到周围同学中，但却因为孩子自身的一些原因，他们的人际关系并不是很好。针对这个问题，父母要做孩子的心理指导师，帮助孩子有针对性地改变自己。可以与孩子先聊聊，看看他在哪方面做得不够，也可以通过其他方式了解孩子不受欢迎的原因。

♣ 心理支招：

1. 自信

自信是人际交往中重要的一个品质，因为只有自信，才会将自己成功地推销给别人认识。无数事实证明，这类人更能赢得他人的欢迎。自信的人总是不卑不亢、落落大方、谈吐从容，而绝非孤芳自赏、盲目清高。自信的人对自己的不足有所认识，并善于听从别人的劝告与帮助，勇于改正自己的错误。培养自信要善于"解剖自己"，发扬优点，改正缺点，在社会实践中磨炼、摔打自己，使自己尽快成熟起来。

2. 真诚

"浇树浇根，交友交心。"想要交到真正的知心朋友，就要学会真诚待人。真诚的心能使交往双方心心相印，彼此肝胆相照，真诚的人能使交往者的友谊地久天长。

3. 信任

在人际交往中，信任就是要相信他人的真诚，从积极的角度去理解他人的动机和言行，而不是胡乱猜疑，在心里设防护墙。因为信任是相互的，尝试信任别人，你也会获得信任。美国哲学家和诗人爱默生说过：你信任人，人才对你重视。以伟大的风度待人，人才表现出伟大的风度。

4. 自制

与人相处，经常可能会因意见不同、误会等原因免发生摩擦冲突。而面对摩擦，学会克制自己的情绪，就能有效地避免争论，达到"化干戈为玉帛"的效果。青春期孩子，要想克制自己，就要学会以大局为重，即使是在自己的自尊与利益受到损害时也是如此。但克制并不是无条件的，应有理、有利、有节。如果是为一时苟安，忍气吞声地任凭他人的无端攻击、指责，则是怯懦的表现，而不是正确的交往态度。

5. 热情

在人际交往中，热情的人总是不缺朋友，因为别人能始终感受到他给的温暖。热情能促进人的相互理解，能融化冷漠的心灵。因此，待人热情是沟通人的情感，促进人际交往的重要心理品质。

人际交往是一门学问，青春期是培养交往能力的重要时期，拥有良好的交往品质是交往的前提。作为父母，应该鼓励孩子把心打开，让自己融入集体，让自己人生的重要时期多姿多彩！

"我想交朋友"——不要过多干涉孩子的交友权利

◎ 父母的烦恼：

杨太太最近觉得自己的女儿怪怪的，好像一天神经兮兮的，在朋友的推荐下，她带女儿来心理咨询室看看。

在心理医生的引导下，杨太太的女儿说出了自己的心事："我是个两重性格的人。"医生听完，很诧异，一个初二的女孩，怎么会说自己是个双重性格的人呢？她认真地听着这个女孩讲的话。

"可能你不明白我为什么这么说，其实，我自己也觉得自从上了初中后，我的生活完全被我父母控制住了。他们就总担心我会学坏。每天上学、放学他们都给我规定了时间。就连在学校上晚自习还要偷偷跟踪我，刚开始我还以为是社会上的坏人呢，后来，才知道是他们。另外，只要发现他们认为坏的同学跟我说话，那我回家就会受一顿训斥。他们不但规定我不许和男同学说笑，而且连讨论功课也不行。所以，一出校门，我就跟变了一个人似的，说话柔声细语，勉强戴上'一本正经'的假面具，像个乖乖女的样子，出现在父母面前。可是，什么时候我才能扔掉这可憎的面具，做真实的我呢？"

这位女孩的父母的做法很明显是错误的。初中生正处于青春期，都渴望友谊，渴望与人交往。而一味地阻止孩子与人交往，不仅会导致孩子人格发展的不健全，还会让孩子产生一些更为严重的心理问题。心理专家告诫父母，初中阶段是孩子生理及心理变化最大的阶段，同时又是最容易干预的时期，应注意孩子的情绪变化，加强沟通交流。

生活中，常听到一些父母抱怨说，孩子到了青春期以后，就喜欢跟同学泡在一起，跟自己的父母反倒越来越疏远，由着他们这样自由交往，孩子肯定无心学习，甚至会变坏！还有一些父母，"草木皆兵"，害怕孩子与异性交往会产生一些不良的后果，于是，专门为孩子制订出一套严格的生活作息时间，坚持把孩子关在"笼子"里，让他"两耳不闻窗外事，一心只读圣贤书"。在他们看来，孩子在这样精心设计的环境中学习，才能免除那些不良因素的干扰，既可以免去父母的担心和烦恼，还有利于孩子的成人和成才。殊不知正是这种"封闭式"的教育方式，严重影响了少男少女身心的健康发展。

实际上孩子之间的交往，是单纯的、发自内心的，很多人能在青春期结成一生的友谊。而同时，这些孩子之间的交往，更是有利于他们适应社会，有助于他们树立坚强的品质，它能让孩子在生活和学习中鼓起战胜困难的勇气。

因此，作为父母，要抛弃担心和成见，鼓励孩子与人交往，大力帮助并引导他们结识好的朋友，建立纯真友谊，让他们走出狭小的自我空间，在与集体的相处中感受温暖和愉悦，在心与心的交往中丰富自己的情感世界。那么，父母应该从哪些方面帮助孩子呢？

♣ 心理支招：

1.鼓励孩子走出家门，大胆地交往

很多孩子不敢与周围的同学接触，其实，很大一部分原因来自于父母，父母的限制让他们没有了踏出第一步的勇气；另外，有一些心理因素，比如自卑等，也会导致孩子不敢与人交往。对此，父母要鼓励孩子：
"你是最棒的！"父母的肯定是给孩子最大的肯定。

2. 培养孩子具备一些特长

当孩子在某些方面有了特长，就会为他结识新朋友提供机会，就会
在交往中增强自信心。托马斯·伯恩特说："友谊建立在共同兴趣的基础
上。如果你的孩子朋友不多，那么就努力培养他的多种兴趣。这样，在参
加共同活动中，可以逐步建立朋友之间的友谊。"

3. 告知孩子什么是真正的朋友

这一点，父母可以通过生活中和历史中的那些交友故事来让孩子明
白，让其认识到择友的重要和应该选择什么样的朋友。

4. 指导孩子怎样与朋友相处

孩子交友，可能主要原因还是因为有共同的爱好和兴趣等。但你要告
诉孩子，要想让友谊长久，就需要懂得怎样与朋友相处。你应该让孩子知
道：对待朋友，只有真诚坦率，以诚相待，严于律己，宽以待人，才会赢
得信任；处事要宽宏大量，不计较个人得失，才会留住友谊；交友，还要
求同存异，毕竟每个人的性格、情趣各有不同，交往中就要尽量尊重朋友
的意愿，主动寻找双方都感兴趣的事物进行交谈，不要"三句话不对头，
就掉头而走"。同时，要懂得一些为人处世的道理，和朋友说话，要考虑
朋友的感受，不说伤害人的话，不要说大话，朋友也要面子等。

5. 让孩子自主选择朋友："指导"但不能"强制"

孩子在交友的过程中，尽管需要父母的指导，但父母也要尊重他们的
意愿，让孩子自主选择朋友，然后在他们交往的过程中，进行积极的引导
和帮助。父母还应尊重孩子的朋友，欢迎他的朋友到家里来做客等。

总之，作为青春期孩子的父母，在关注孩子智力发展和培养的同时，
也要指导并帮助他们确立健康的人际关系，并在交往中，促进他们身心健
康的发展。

如何结交新朋友——鼓励孩子多参加有意义的聚会

◎ 父母的烦恼：

江妈妈最近发现女儿小美好像很苦恼，有什么心事似的，没事一回家就数抽屉里那点零花钱。江妈妈在想，这丫头是不是要买什么东西，又不好意思跟家长开口。于是，她就问小美："小美，该买的东西妈妈都会给你买的。"

"不是这事，妈妈，最近我们班要办个活动，需要每人交三十块钱。"

"什么活动？"

"其实，也不是什么重要的活动，我都不想去，是班长组织的，说我们马上要升初中三年级了，想办个聚会，可以多交流一下学习心得之类的。"

"这是好事啊，应该去呀。"

"妈妈，你也知道，我只和莉莉以及阿芳玩得比较铁。所谓的聚会，我猜估计就是在一起吃吃喝喝，哪里真是交流什么心得呀？而且，现在学习这么紧了，这不是浪费时间和金钱以及精力吗？但大家都已经交钱了，我一个人不去，我又怕人家说我。"

"你考虑的的确挺多，但是你想，既然学习很紧张，你可以把这次聚会当成放松的一次机会呀！妈妈觉得你们班的这次聚会还是有意义的，平时大家各安其事，不相往来，何不趁这次机会，大家重新认识一下彼此。你说呢，菲菲？"

"妈妈说得对，说不定，我还能交到新朋友呢。"小丫头脸上紧皱的眉头一下子舒张开了。

很多青春期的孩子忙于繁忙的功课，每天的生活紧张又千篇一律，慢慢的，和同学疏远了，和朋友疏远了，生活也似枯燥无味。而一些有意义的聚会，青春期的孩子可以多参加。它的好处很多：

参加此类聚会最重要的益处就是能锻炼一个人的交际能力。青春期是每个人跨入社会的前奏。社会是人生的大课堂，作为即将成为社会人的青春期孩子，多参加有意义的聚会，能让孩子学会与人交际应酬，锻炼说话的能力和为人处世的能力，也能结交不同的人。这对于青春期孩子的智力、人格、性格等方面都有积极的影响。

另外，参加一些有意义的聚会，比如同学聚会，还能联络孩子和同学之间的感情，拉近和同学之间的距离，让孩子更受同学的欢迎。孩子一旦到了青春期，就会自动地疏远异性，一般情况下，只生活在自己的小圈子内。实际上，异性之间的适度交往，对于青春期的孩子是很有必要的。

再者，参加聚会也是适当调节学习压力和吐露心事的一个重要方法。毕竟同龄人之间有着太多的相似点，面对每天同样紧张枯燥的学习生活，他们更容易引起共鸣。相互之间的交流能减轻生活和学习的压力，彼此之间的鼓励也会让他们鼓起勇气和信心，继续努力学习！

因此，参加有意义的聚会对于青春期的孩子来说有益处的。作为父母，应当鼓励，而不应阻止。当然，这个前提是参加有意义的聚会。那么，通常情况下，哪些聚会是没有意义甚至是有害的呢？

♣ 心理支招：

1. 网友之间的聚会

随着网络的盛行，很多青春期孩子喜欢把自己的业余时间泡在网上，也就容易认识一些网络朋友。很多青春期孩子更是单纯地认为网络中有纯真的友谊和恋情，甚至与网友一起聚会。其实，这是很危险的。父母应告诫孩子，对待网络朋友，一定要慎重，更不可单独地与网络朋友聚会。

2. 以奢侈消费为前提的聚会

现代校园中，攀比之风盛行，一些孩子，三天两头聚在一起，谈论一些不适宜未成年人的话题。实际上，这些聚会也是无意义甚至是有害身心健康的。其次，以这种方式交往的朋友充其量也只是酒肉朋友，不是真正的益友。

3. 与社会不良人士之间的聚会

事实上，我们发现，社会上有一些黑社会帮派，总是喜欢把魔爪伸进学校，因为学生相对单纯，更容易为其所用。而他们惯用的伎俩就是用物质诱惑学生，还打着所谓的交朋友的旗号。对于这样的聚会，父母应阻止孩子参加，否则孩子一旦交友不慎，后果不堪设想。

当然，对于孩子参加的聚会，父母应当有一些了解，要尽量让孩子避开那些无意义的活动，让他们远离危险禁区！

缩短和老师之间的距离——教孩子学会与老师相处

◎ 父母的烦恼：

这天下班后，梁太太在厨房做饭，女儿回家放下书包就跟她说在学校发生的一件事。事情是这样的：

女儿所在班级的物理老师是位有三十多年教龄的老教师，已经当祖母了。她是20世纪60年代师范专科学校毕业的，教了一辈子物理课。最近，张老师发现不少男女学生之间热衷于交朋友。过生日，互赠礼物，生日卡上写了许多双关的、缠缠绵绵的话；有的学生传递小纸条竟不顾时间和场合，上课时间也进行。更有严重的，有些女孩还和社会上的人有往来。小小年纪，刚上初二，就搞这些名堂，这怎么得了？若放任不管，这些孩子会走下坡路的。想到这，张老师下决心解决这一问题。

有段时间，张老师发现班上有个女生和校外的人谈男女朋友。有一天，张老师在收发室碰到那女生。

"你在外边交男朋友了吗？"与此同时，她用严肃的目光审视眼前这位女同学的脸色。

"没有。"女同学不安地回答。

"没有？若是我拿出证据来呢？"张老师说着，拿出拆过的信，在女同学面前晃了几晃。

"私拆别人信件，这是犯法。"女同学被激怒了。

"犯法？教育学生犯法？告诉你，这信我还不交给你了，我交给你的家长，看他们说谁犯法……"

女学生在这种情况下，两眼喷火，恨不能上前咬这位特别"负责任"的老师一口。

张老师为这事，确实操碎了心，可是，没有谁理解她。

听完女儿讲的故事，梁太太深深地吸了一口气。她对女儿说："人说，可怜天下父母心，可老师不也为学生操碎了心吗？"

可能不少青春期的孩子都和故事中的这位女孩一样，因为老师对自己管的过于严格而厌恶老师。其实，不管老师做什么，他的出发点都是为了学生，希望学生能成人成才。

作为父母，可能你也发现，孩子与哪个老师关系比较融洽，喜欢上哪门课，哪门课成绩就好；如果孩子与哪个老师关系不和谐，也会殃及那门课。这大概也是爱屋及乌的反映吧。学生的大部分时间在学校里，就免不了和老师交往。

为此，父母在教育孩子时，不但要督促其努力学习，还要帮助孩子理解老师的辛苦。

♣心理支招：

父母可以从以下几个方面教育孩子和老师搞好关系：

1.教育孩子尊重老师，尊重老师的劳动

在一次调查中发现，同学们最喜欢的老师是热爱学生、理解学生的老师。其实，理解是相互的，学生需要老师的理解，老师同样需要学生的理解。一位老师十分感慨地说："清贫、艰辛、工作任务繁重其实算不了什么，最伤脑筋的是某些学生只要求老师理解他们，而他们却一点也不去想想该怎样理解老师。"

因此，父母要告诉孩子：不管老师怎样严格要求你，你都要理解老师、尊敬老师，见到老师礼貌地打声招呼。另外，用实际行动尊重老师的劳动：上课认真听讲，不破坏纪律，把老师留的作业保质保量地完成。尊敬老师，尊重老师的劳动，是师生和谐相处的基本前提。

2. 培养孩子勤学好问、虚心求教的品质

如果孩子认为"那个老师并不怎么样"，"他的水平太低了"，那么，你要告诉孩子："等到你长大以后，你会知道这种看法和想法是多么天真。因为不管老师水平到底怎样，但老师之所以能成为老师，必当够格教你知识。老师的学问、阅历肯定是高于你的。所以，要向老师虚心求教。好问不仅直接使学习受益，还会增多、加深和老师的交流，无形中就缩短了与老师的距离。每个老师都喜欢肯动脑筋的学生。"

3. 告诫孩子犯了错误要勇于承认，及时改正

人无完人，青春期的孩子都会犯错，老师都能理解，并都愿意指正孩子的失误。而有的孩子明知自己错了，受到批评，即使心理服气，嘴上也死不认错，与老师搞得很僵。也有一些孩子，"一着被蛇咬，十年怕井绳"，受过老师一次批评，心里就特别怕那个老师，认为他是对自己有成见。

对此，你要告诉孩子："错了就是错了，主动向老师承认，改正就是好学生。老师不会因为谁有一次没有完成作业，有一次违反了纪律就认为他是坏学生，就对他有成见。"

4. 教导孩子正确对待老师的过失，委婉地向老师提意见

在有些孩子心里，老师就是完人，老师不应该犯错。实际上，这种想法是不正确的。老师也是人，也会犯错，也会有失误。其实，根本不可能存在没有缺点的人。老师不是完美的，如果他有的观点不正确，或误解了某个同学，甚至有的老师"架子"比较大或是太严厉，这都是可能的。心理学的研究发现，人们会对没有缺点的人敬而远之。

父母要教导孩子："如果你发现老师的不足要持理解态度，向老师提意见语气要委婉，时机要适当。相信，老师会感激你的指正。如果老师冤枉了你，不要当面和老师顶撞，这样不但无助于问题的解决，还会恶化师生的关系。暂且忍一忍，等大家都心平气和再说。"

总之，父母要让孩子明白的是，老师是他们的第二个家长，要尊敬、爱戴老师，和老师搞好关系。因为与老师关系融洽既可以促进学习，又可以学到很多做人的道理，会使他一生受益无穷。

可怜天下父母心——教导孩子学会换位思考理解父母

◎ 父母的烦恼：

一位初一的语文老师在给学生批改作文的时候，读到这样一篇文章：敬爱的王老师，希望您不要让我妈妈和我一起上学了，说句心里话，妈妈为此付出了太多太多的心思。妈妈天天有洗不完的衣服，中午哥哥回来前妈妈要把饭做好，哥哥回来吃完饭就要走。到了下午妈妈也要早点做饭。爸爸要从早上7点上班到晚上11点才回来，妈妈还要去接爸爸，回来给爸爸做饭……我保证，我再也不调皮了……

当这位语文老师读到这里的时候，留下了心酸的泪水，孩子终于能理解家长的苦心了。原来，事情的经过是这样的：这位同学的名字叫王兴，是学校初一的学生，调皮捣蛋，成绩在班上是倒数。那次，他在学校又打伤了几个同学，作为班主任的这位语文老师只好把孩子的妈妈请到了学校，并让孩子的妈妈来学校陪读管孩子。为了能让孩子继续留校读书，从当日下午起，这位妈妈便开始了自己的"陪读"生涯，每天家里和学校来回跑，妈妈为此痛苦不堪，王兴看在眼里疼在心上。为此，他偷偷给班主任王老师写了一封信，乞求老师不要再让妈妈为自己陪读了……

从此，这名叫王兴的初一学生好像换了一个人，他开始认真学习，开始想对妈妈好，开始感激老师……

可怜天下父母心，作为父母，无论多辛苦，都望子成龙、望女成凤，希望孩子能成人成才。可事实上，又有几个孩子能理解父母的苦心呢？尤其是当孩子进入中学后，由"小人"向"大人"过渡的他们，言行的独立性和自主性也逐渐增强，更是处处与父母对着干，以此证明自己也是个大人了。有些孩子也总是抱怨父母不理解自己。

家庭教育是孩子教育的重要部分。有些父母认为，孩子进入了中学，就长大了，孩子在初中三年的主要任务就是学习，这是老师的工作职责，自己终于可以松一口气了。但事实上，并非如此。初中三年正是孩子身心发展与巨变的时期，父母如果不做好对孩子的引导和教育工作，对孩子接下来的成长会有巨大的影响。孩子不理解父母，这已经是个很明显的征兆。作为父母，一定要引起重视，但不必过于担心。孩子在这个时期出现的种种行为，并不是说孩子变坏了，而是孩子成长过程中生理上、心理上的变化而产生的正常现象。

孩子不理解父母，不仅仅影响到孩子的学习情况，严重地还会影响到孩子的成长，甚至有可能导致孩子误入迷途。那么，作为父母，该怎样做好"言传"，让孩子理解自己呢？

♣ 心理支招：

1. 主动去体察、关心、理解孩子，让孩子接受父母的关爱，做好"言传"的前期工作

任何人都要经历成长的过程，孩子也是。孩子进入青春期以后，和儿童时代是不一样的。他们的活动天地一下子变开阔了，学到的知识加深了，与老师、同学交往的范围扩大了，获取的信息大大增加了。于是，他们不再对父母言听计从了，他们开始有了自己的思维形式和做事风范，用自己的眼光来审视周围的人和事，并尝试做出自己独立的见解。尽管这些

见解难免有些幼稚，但却表明了他们正在走向成熟。因此，父母对孩子的这些表现不可表现出忧虑，反倒应该高兴，并要理解孩子，这表明孩子正在长大。只有先理解孩子，才能做好"言传"，让孩子理解你。

2. 教导孩子学会换位思考

以理解为桥梁，建立起密切的师生、亲子关系，无论对于孩子还是教师甚至父母，都会产生积极的作用。作为父母，应该告诉孩子：

作为孩子，当你们要求"理解万岁"时候，有没有想到，父母也是需要理解的，理解永远都是双向的。不错，你希望别人能认同、理解你，父母也需要理解。工作的辛苦、生活的压力已经不允许我们和你一样激情高昂，我们也曾年轻过，我们身上有更多的责任。你理解过父母吗？

3. 动之以理，晓之以情，用学习、生活中的真实事例感化孩子

父母对孩子的关爱都是发自内心的，作为父母，可以将学习、生活中的真实事例来劝导孩子，让他们理解父母。

但父母在做这些教育工作时，一定要放低姿态，言辞诚恳地与孩子交谈，才能起到应有的作用。

"不"字怎么说出口——引导孩子学会拒绝

◎ 父母的烦恼：

洋洋是个腼腆内向的孩子，他从不和小朋友争东西，哪怕是他自己的东西，只要别人要玩，他就会默默放弃。

今年洋洋13岁了。这天，洋洋又拿着自己的滑板车出去玩了。其他孩子都对洋洋的滑板车很感兴趣。洋洋就让别人玩，自己则站在旁边干巴巴地等，看着别人一个一个轮番上车，洋洋的脸上写满了无奈。

好不容易车子还回来了，可洋洋的手刚握住他的小车，脚还没有跨上

去，又有一个孩子叫着要玩小车。

在旁边看着的洋洋妈妈气不打一处来：自己的孩子怎么这么窝囊，自己的东西自己都玩不上；如果被掠夺的次数多了，洋洋肯定会越来越惧怕别的孩子，这会让洋洋更内向。

想到这儿，妈妈直接走到洋洋旁边，替洋洋吆喝着把车子要了回来。那孩子的奶奶还嘀咕了一声："没见过你这么小气的妈。"其他孩子一看洋洋妈妈在身旁，都退到了一边。

妈妈大声对洋洋说："瞧你这个熊样，自己的东西，你想玩就玩，不想玩就不玩，怎么自己的东西反而被别的孩子抢来抢去，自己都玩不上！"

洋洋好像有一种无形的压力，他低着头，一声不吭。虽然，后来洋洋玩着自己的小滑车，可他并不开心。

谦让是中华民族的美德，大多数父母也都明白一个道理，即孩子最终要走向社会，要在群体中生活。与人分享，才能得到别人的信任、支持和尊重，因此，父母们希望自己的孩子学会与人分享，养成慷慨、大方、谦让的美德。但任何事情都要讲究一个度，若是轻易承诺了自己无法履行的职责，将会带给自己更大的困扰和沟通上的困难，这就需要学会拒绝别人。

当然，教导孩子学会拒绝别人这个过程也需要父母的引导，因为拒绝别人实在不是一件容易的事。有些孩子在拒绝对方时，因感到不好意思而不敢据实言明，致使对方摸不清自己的意思，而产生许多不必要的误会，同时也容易给自己心理造成压抑。大胆地拒绝别人，是相当重要却又不太容易的事情。教会孩子学会拒绝别人，将使孩子受益终生。当孩子没有勇气拒绝的时候，父母可以尝试下面的几种方法。

♣ 心理支招：

1. 教孩子泰然接受他人说的"不"

在日常生活中，即便是在孩子小的时候，作为父母，你也应该在孩子头脑中强化一个概念：别人的东西不属于我。这样，也就明白了拒绝别人的必要。

2. 让孩子坚持自己的决定

有些孩子不敢拒绝同伴的要求是因为害怕别人不跟自己玩，害怕被孤立。于是，别人要什么东西，他就会拱手奉送。可是，事后他就后悔了。这种情况就是平常说的"没志气"，常发生在年龄较小的孩子当中。

这就需要父母逐渐培养孩子的果敢品质，自己说过的话、做过的事，就应该勇敢承担起责任来。自己拒绝同伴后就应该承担起受冷落的后果，而不是过后就反悔。

3. 教孩子正确认识"面子"

孩子不敢拒绝他人还可能是为了照顾面子。比如，虽然自己的钱都是父母给的，但当别人来借钱去玩游戏时，为了面子还是借给别人。有些孩子甚至发展到别人叫他去做一些不合纪律的事情也会违心去做，而事后却遭到老师的批评。可见，让孩子学会拒绝就应该教孩子正确区分面子。

4. 教给孩子委婉拒绝的技巧

拒绝别人的某些无法接受的要求或者行为时，父母要教给孩子应注意的方式、方法，不可态度生硬，话语尖酸。父母要告诉孩子，先不要急着拒绝对方，可采用迂回委婉的方式说明自己的实际情况，既不违反自己的主观意愿，还可以给对方一个可以接受的理由。以下是几种委婉的、孩子可以学习的方法：

（1）让孩子学会用商量的语气和别人说话。告诉孩子，拒绝别人有时要和对方反复"磨嘴皮子"，直到对方认可。如此，就巧妙地拒绝了对方，避免了一场冲突。

（2）让孩子学会间接拒绝别人。开门见山、直截了当式的拒绝，犹如当头一盆冷水，使人难堪，伤人面子。父母要教会孩子学会先承后转的方法，这是一种避免正面表述、采用间接地主动出击的技巧。即首先进行诱导，当对方进入角色时，然后话锋一转，制造出"意外"的效果，让对方自动放弃过分的要求。

（3）教孩子善用语气的转折。告诉孩子，当不好正面拒绝时，可以采取迂回的战术，转移话题也好，另有理由也可，主要是善于利用语气的转折：首先温和而坚持，其次绝不会答应。

（4）教孩子学会推迟别人的请求。如果孩子不想答应别人的请求，父母可以教孩子用一拖再拖的办法，推迟别人的请求，比如说"我想好了再跟你说"、"我再考虑考虑"等，这都是一种委婉拒绝别人的方法。别人也会从孩子的推迟中，明白他的意图，也不会使双方过于尴尬。

总之，父母所要做的，就是教会孩子如何平和地、友好地、委婉地、商量地拒绝别人的要求；同时泰然自若地接受他人的拒绝，而不是为孩子解决、包揽问题。

第⑫章

聆听青春期孩子的心声，帮助孩子处理情感困惑

　　青春期对异性产生爱慕是正常的生理和心理需求。可是，青春期的孩子对于爱情和婚姻还没有一个成熟的认识，而且，青春期是积累知识的年纪，是为理想和目标努力的年纪，过早的恋爱对孩子的身心发展都不利。作为父母，当知道孩子发生青春期恋情时，不要张扬，并且要考虑孩子的年纪，体会孩子的难处，尽量替孩子保密，不要不明情况就告诉老师，这样，会让孩子很难堪。尤其对于情窦初开的孩子，更容易陷入单恋的泥潭不能自拔。所以，需要父母能够做孩子的知心朋友，陪伴孩子走过心灵的沼泽地，聆听孩子的心声，在父母的支持帮助下走出情感的旋涡。

强制打压的反作用——理智对待孩子的早恋行为

◎ 父母的烦恼：

我们先来看看一段母亲和女儿的对话：

"孩子，其实妈妈明白你的心情，妈妈也是过来人，在你这么大的时候，也喜欢过一个人。那时候，他经常来学校找我，并对我无微不至地照顾，我发现自己爱上他了。可事实上，他已经有了家庭。我伤心欲绝，学习成绩更是一落千丈。"

"后来怎样呢？"女儿好奇地问。

"后来，就在那段时间，我们学校转来了一个新同学，他开朗、乐观，成了我的同桌。我们无话不谈，一起学习、交流心得，很快，他帮助我走出了那段情感的阴影。你知道这个人是谁吗？"

"不知道。"

"他就是你爸爸啊，我们很快相爱了，但是我们并没有沉浸在爱情的幸福中，而是约定要一起考大学，一起追求梦想。后来，我们大学毕业后就结婚了……"妈妈沉浸在甜美的回忆中。

"爸爸太棒了！"女儿赞叹地说。

"是啊，不然我也不会喜欢他。那你认为他呢？"

"我不知道，但他长得很帅气。"女儿脸红了。

"孩子，妈妈也给你一个建议：你不妨和他做个约定——你们要一起考上大学。等你考上大学之后，如果你还是这么喜欢他，那么你不妨开始一段美丽的爱情。在这之前，你可以跟他做很好的朋友。"女儿点点头答应了。

并不是所有父母都能和这位母亲一样理解孩子。事实上，很多父母知晓孩子在青春期谈恋爱后，都会火冒三丈，然后"棒打鸳鸯"，而最终结果是，孩子只会越来越坚信自己的选择，甚至做出更加"出格"的事。而父母的理解则是孩子接受父母建议的前提。因此，作为父母，不妨放下架子，与孩子来一次促膝长谈，帮助孩子脱离早恋的苦恼，从那段青涩的爱情走出来。

早恋，即过早的恋爱，是一种失控的行为。对于青春期的孩子来说，他们可以对异性爱慕，但必须学会控制这种心理的滋长和蔓延，更不要早恋。早恋，不仅成功率极低，而且意志薄弱者还可能铸成贻害终身的罪错。

在教育孩子的过程中，很多父母认为，尤其对于青春期的孩子，一定要严加看管，否则孩子很容易陷入早恋的泥潭。于是，孩子与异性说话都成为他们捕风捉影的信号。实际上，孩子进入青春期渴望与异性交往，是青少年身心健康发展的重要标志。如果没有这种心理需要，反而要打个问号了。再说，异性交往并非必然陷入恋情，更可能是同学、师生、朋友、合作伙伴等多种人际关系。而即使孩子真的早恋了，作为父母，也不应干涉太多；否则，只会起到反作用，甚至会加深两人的感情。

因此，作为父母，对于孩子早恋的行为，一定要保持理性。

♣ 心理支招：

1.要有清醒的头脑，绝不能打骂孩子

作为父母，要理解孩子青春期渴望与异性交往的心情。当孩子真的早恋时，也不能打骂孩子，早恋也绝非洪水猛兽。

2.苦口婆心地劝导，不如巧妙引导

现实生活中，我们常常见到这种现象：一些青春的孩子陷入早恋，父母的干涉非但不能减弱两人之间的感情，反而使之增强。父母的干涉越多、反对越强烈，恋人往往相爱就越深。为什么会出现这种现象呢？这是因为，人都是自主的，青春期的孩子也开始有了一定的独立意识，他们开始关注异性，而父母越是反对，他们越是偏向选择自己的恋人。因此，深谙教育艺术的父母绝不会苦口婆心地劝阻孩子，因为他们知道这样，只会让孩子爱得更深。

孩子在成长过程中，他们会不断长大，自然会出现一些心理波动。作为父母，不妨采取一种讨论的态度，和孩子平等地讨论爱情，让孩子明白青春期是积累知识的时期，对异性的好感并不是爱情，并采取一些方法强化孩子的家庭归属感，让孩子重新把精力集中到学习上来。

3. 告诉孩子与异性交往的分寸

父母不妨直言不讳地告诉孩子，青春期想接近异性的身体并不可耻，但一定要把握分寸，大胆、大方地与异性交往。即使对异性有好感，也只能让它们作为一种美好的愿望，珍藏在心底，等自己真正长大成熟时，他（她）会以百倍的力量、热情、成熟来迎接你！

总之，父母要让孩子明白的是，中学时代是打基础时期，将来从事何种事业还没有定向，他们今后的生活道路还很长。中学时代的早恋十有九不能结出爱情的甜果，而只能酿成生活的苦酒。当孩子能正确处理青春期的"爱情"时，也就能把握好人生的舵，不会过早去摘青春期的花朵。

与异性交往并不等于早恋——理解青春期孩子的情感需要

◎ 父母的烦恼：

有一天，蔡太太和单位几个女同事在一起唠家常，孩子是当然大家共同的话题。这不，和她关系极好的林大姐最近有一件烦心事：女儿似乎有了"早恋"的苗头。最近一段时间以来，女儿跟一位男生似乎"要好"得过了头，不仅每天早晚上学、放学一起走，就连回家后，也是短信联系不断。眼看再过几天就要放假了，林大姐担心的是，假期没有学校的管束，女儿和那个男生之间"要好"的感情会不会越来越难以控制？

　　林大姐的女儿过了暑假就上初二了，当初女儿考入初中的成绩相当不错，能在班上排入前十。但从初一下学期以来，女儿在学习上一再退步，老师也反映女儿读书"很不专心"。林大姐私下找了女儿的同学，也偷偷看了女儿的日记，原来女儿在初一下学期多了一个很谈得来的同年级男同学。

　　林大姐也曾试着委婉提醒女儿，不要陷入"早恋"而影响学习。但女儿总是很理直气壮地回答自己和那个男生只是比较有话说，是很谈得来的男性朋友而已，两人在一起聊的也是学习上的事情，还让林大姐不要随便"说三道四"。一提到这，林大姐就直犯愁，女儿大了，自尊心又强又敏感，到底该怎么引导，才能让女儿把握好情感的尺度？

　　其实，林大姐的担心是有道理。处于青春期的女孩，很难识别异性之间的交往与真正的爱情有什么区别，这也是所有父母所担忧的。

　　青春期的孩子，对异性向往与爱慕，属于生理与心理发育过程中的正常现象。青少年由于生理发育和性成熟，很容易产生性冲动，会对异性产生有别于同学间友谊的希望接近的冲动；还有的会表现为对异性的广泛关注，渴望了解异性的心理和生理，了解异性对自己的态度。这些都是正常的生理、心理现象。如果这些反应一点没有，反倒应该怀疑孩子是否生理发育出了问题，但必须有所自律，爱慕但不能"早恋"。

　　事实上，与异性之间的适当交往，对于孩子的成长是有益的。

　　1. 渴望交流的需要

　　由于现在的孩子大多为独生子女，没有兄弟姐妹，身边缺少同龄人做伴，生活比较孤单。一旦心里有话需要倾诉的时候，孩子就会找个说得来的同学或者朋友来替代自己的兄弟姐妹情感。

　　2. 异性交往是人格独立的需要

　　青春期孩子，除了生理发育和性成熟外，独立意识也大大增强。他们会强烈地意识到自己不是小孩子，希望独立尤其情感上的独立。于是，孩子不再喜欢依赖父母，跟父母间的交流也不容易产生共鸣，不少家庭的孩子与父母之间还出现所谓的"代沟"。他们往往通过独立认识、交往新朋友、建立自己的同龄朋友圈子来证明自己已经独立了。

3.性格互补和身心健康发展的需要

由于男女同学各自特点不同，男生往往比较刚强、勇敢、不畏艰难、更具独立性，而女性则更具细腻、温柔、严谨、韧性等特点，男女同学的正常交往可以促使双方互补，对他们的性格发展和智力发育都有益处。

有时候，孩子与异性交往，未必就是早恋，父母不能疑神疑鬼，更不能质问孩子，而是要理解孩子的情感，并巧妙引导孩子如何处理与异性之间的情感。

♣ 心理支招：

1.要认识到青春期孩子向往异性交往，是孩子身心发育的必然

异性交往，是培养孩子正确的性别角色和健康性心理的必修课。父母要明白的是，正常的异性交往不仅有利于孩子的学习进步，而且也有利于个性的全面发展。如果能正确对待并妥善处理异性间的交往，不仅可以让孩子顺利度过青春期，还可以起到学习上互助、情感上互慰、个性上互补、活动中互激的作用，对自我的发展是十分有益的。

2.告诉孩子，青春期是学习自律的关键期，成功的异性交往取决于自觉遵守规则

青春期与异性交往有许多益处，父母应支持。而对孩子最大的支持，是制订交往的规则，提醒孩子学会自律。

父母可以与孩子共同讨论媒体报道的案例或某些电视剧的情节，发表各自的看法，增强孩子自我控制的意志力。在异性交往中善于自我控制，可有效避免许多不必要的麻烦和被性侵害的不良后果。另外，自控能力是建立在正确的知识观念基础之上的。父母还应该开诚布公，与孩子讨论与异性交往有关的问题，不必有什么禁忌，凡是孩子感兴趣的话题，都可以摆到桌面上进行讨论和争论，必要时还可以查阅书刊或请教专家。

3. 教导孩子学会抗拒诱惑，明辨是非，正确选择自己的成长道路

孩子在异性交往中也会面对形形色色的人和事，如果缺乏分辨力，或是被表面现象迷惑，就可能被社会上负面的东西欺骗或侵蚀。怎么办？一方面，父母在对待婚姻家庭、异性交往的态度行为上应该为孩子做出榜样；另一方面，要对孩子信息透明，不要以为孩子看到、听到的都是正面的东西，就不会出问题，关键还是引导学会自主地选择，要有能力自我保护。

总之，孩子进入青春期渴望与异性交往，是其身心健康发展的重要标志。教会孩子学会与异性和睦相处，是对未来婚姻家庭的准备，也是对未来事业发展和社会人际关系适应的必要准备。

什么是爱——向孩子灌输正确的恋爱观

◎ 父母的烦恼：

有一天，林女士和女儿晓丹在一起看电视，播到一则新闻：某校初三男生赵强对本班一名女孩爱慕已久，在暗恋三年以后他终于鼓起勇气给那名女孩写了封情书，但却被女孩拒绝，于是，男孩一气之下，因爱生恨，将女孩毁容。

看到这里，林女士就试探性地问女儿："你在学校有没有喜欢男孩子啊？"

"没有，我怎么可能呢？不过这个男孩真是变态哦，怎么能这样呢？"

"是啊，这名男孩的心理是扭曲了。上了初中后，很多少男少女都开始情窦初开，开始对异性同学产生倾慕的心理，这是很正常的，但要以正确的方法去处理这些事情。青春期恋情是不合时宜的，要学会跳出来看这份不成熟的感情。青春期的恋爱影响学习和目标实现，其结果是梦中的甜蜜，梦醒后的苦涩！而当跳出这份感情，然后理性地分析看待青春期恋情时，就不至于盲目地去爱了。"

"可是，青春期就真的没有真爱吗？"晓丹一脸疑惑。

"让妈妈慢慢告诉你……"

"哦，我明白，原来是这样。"

听完林女士的一番教导后，晓丹若有所思回了房间。其实，林女士知道，女儿肯定也情窦初开了。果然，过了一段时间林女士去学校开家长会，女儿的学习成绩上升了不少，她估计是那番话的作用。

事实上，林女士对晓丹说的这段话是："青春期的孩子对爱情并没有什么理性的认识，更缺乏稳定爱情观的支持，随着时间和空间的变化，他们可能就会'爱'上别人。因此，一般来说，青春期恋情多数是很短命的，也是流动性最大和最容易发生变化的。今天看你好，明天可能就不好；今天在这个环境喜欢这个，换一个环境又会有新的恋情。所以，我不能说绝对，但基本上，青春期的爱情都是不成熟和欠考虑的，不是真正的爱。"

的确，随着青春期的到来、对情感的懵懂理解，青春期的孩子会很容易搭上早恋这班列车。这时，父母不能用暴力的手段去阻止孩子，这样，只会让父母与孩子之间的矛盾愈演愈烈。作为父母，应该向孩子灌输正确的恋爱观。林女士的这段话让女儿明白了该怎样处理这段感情。

"父母是孩子的第一任老师"，鼓励孩子发挥出自己积极主动的力量，把精力用于学习生活中，从而来展示自己的优秀；同时引导孩子们与人交往，把握住安全距离，离得太近或太远都会给人一种不舒服的感受，从而教孩子学会及时地调整异性交往的问题。

那么，父母应该怎样向孩子灌输正确的恋爱观呢？

♣ 心理支招：

1. 理解孩子，谈话式教导，引导孩子走出恋爱的误区

父母要关注孩子，应经常询问孩子对周围异性伙伴的印象如何，以了解孩子的情感倾向和所思所想。同时，父母可讲讲自己的青春期异性交往经历与故事，让孩子说出自己的看法。要注意，最好避免用早恋这样的字

眼，因为这一时期孩子与异性交往大多只是出于一种朦胧的爱慕心理。

2. 告诉孩子适当处理那封情书——被追心里美，但过后要收起

作为父母，在对孩子情感理解的基础上，还要告诉孩子如何处理摆在面前的"爱情"，比如情书。情书是青春期的少男少女们表达爱的一种最主要的方式。父母要告诉孩子：如果有人给你写情书，这表明你很有魅力，的确值得高兴，但是过后一定要把情书收起，把那份美好埋在心底。

3. 让孩子转移视线，明确初中阶段学习是主要任务

青春期是孩子长知识、长身体的黄金时代，世界观还未形成，缺乏必要的社会知识与经验，如果过早地陷入爱情的漩涡中，势必会影响他们的学业和身心健康。父母要做的是，帮助孩子明确在青春期的奋斗目标，把精力重新投入学习中。

总之，孩子开始进入青春期后，身心上的骤变，都会让孩子对爱情产生一些懵懂的意识。这段时间的孩子经常会陷入迷茫，他们不知道自己要做什么，根本不知道什么是正确的恋爱观。如果父母能够给予孩子足够的理解、支持、关心和耐心，鼓励他们说出自己的想法，然后告诉孩子该怎么做，孩子就会找到内心与外在世界的平衡，顺利地度过这段危险期！

分不清的情感——告诉孩子友情和爱情的区别

◎ 父母的烦恼：

温先生最近和太太总吵架，主要是为了儿子的事，原来儿子在学校恋爱了，劝说无奈下的他们来找心理咨询师：

"我们夫妻俩十几年以来辛辛苦苦经营一家小吃店，挣钱供儿子读书，现在这个社会不读书是没法生存的，我们不想让儿子跟我们一样将来开小饭店过日子。儿子小时候挺乖的，学习也不错，现在儿子已是初三学

生，还有几个月就要中考了。可儿子突然对我们说他有一个很要好的朋友，一个很漂亮的女孩，是同班的一个女生，还说过年时想把她带回家玩。这对于我们夫妻来说真是晴天霹雳。儿子说他们只是普通朋友，可当儿子把女孩带回家时，他们俨然是男女朋友。我们见到过很多孩子因早恋而荒废了学业，甚至离家出走，走上歧途的实例，怕儿子也会与他们一样因早恋而误了考大学的机会。现在我和他爸爸进退两难。同意吧，怕早恋影响学业；不同意吧，怕儿子产生逆反心理到社会上乱来。现在我们体会到教育独生子要比开饭店难多了。请问心理辅导老师，我们该怎么处理儿子早恋的问题？"

青春期是一个过渡期，人生的第一个转折期悄悄来临。孩子再也不是调皮捣蛋的顽童，他们旧的人生体系开始瓦解，不得不全部放弃，而新的体系尚未完全建立。这时，一些孩子会不由自主地喜欢上身边的某个异性，一旦"得手"之后，他们会沉浸在这种爱情的美好感觉中不能自拔，甚至不愿意控制自己，做出一些青春期不宜做的事。于是，很多孩子在青春期玩了一场情感的游戏，伤害了自己，也伤害了对方。

其实，青春期孩子恋爱的现象已经属于一种普遍现象，尤其是青春期男孩，对于喜欢的女孩更是大胆追求。可是，有时候孩子并不明白是不是爱，对于和异性的关系也不知道怎么处理。那么，青春期孩子应该怎样和异性相处呢？这是很多青春期的孩子困惑的问题。到底友情与爱情有什么区别？这需要身为过来人的父母告诉孩子。

♣ 心理支招：

事实上，友情和爱情，都是属于广义的爱情的一种。但爱情与友情有区别也有联系。友情是爱情的基础与前提；爱情是友情的发展和质变。友情可以发展为爱情，亦可永远发展不成爱情。

关于友情与爱情的区别，日本一位心理学者提出了五个指标，可供参考。五个指标是：

第一，支柱不同。友情的支柱是"理解"，爱情的支柱则是"感情"。

第二，地位不同。友情的地位"平等"，爱情却要"一体化"。

朋友之间，有人格的共鸣，亦有剧烈的矛盾。爱情则不然，它具有一体感，身体虽二，心却为一，两者不是互相碰击，而是互相融合。

第三，体系不同。友情是"开放的"，爱情则是"关闭的"。

两个人有坚固的友情，当人生观与志趣相同的第三者、第四者想加入的话，大家都会欢迎。爱情则不然，两人在恋爱，如果第三者从旁加入，便生嫉妒心理和排除异己的行为。

第四，基础不同。友情的基础是"信赖"，爱情则纠缠着"不安"。

有了信赖，友情就是真诚的，但爱情则不然。相反的，一对相爱的男女，总是被种种不安所包围，比如"我深深地爱着她，她是否也深深地爱着我？""他是不是不爱我了，态度怎么变了？"

第五，心境不同。友情充满"充足感"，爱情则充满"欠缺感"。

当两个人是亲密的好朋友时，都会觉得很满足；而爱情则不然，当两个人一旦成为情人时，虽然初期会有一时的充足感，但慢慢的，会对爱情的要求越来越高，总希望有更强烈的爱情保证。

一般地说，青春期的孩子，如果能准确地区分自己在以上五个指标上的定位，应该就能在爱情与友情的岔路口上选择清楚，定位好自己的方向。

父母一定要让孩子明白，为了真挚友情和纯洁爱情，青春期这个年龄是不适合恋爱的。要保持清醒的头脑，对于异性的爱慕和追求，态度一定要庄重明快，不能矫揉造作。

青春期的孩子还没有正确的爱情观，也是不稳定的，对爱情的含义往往缺乏深入的了解，往往把异性同学在学习上、生活上给予的帮助和关照这种纯真的友情误认为是爱情而产生心理错误，造成身心上的困扰。

因此，告诉孩子爱情与友情的区别，能让孩子们对自己所处的情感有个更清楚的认识，以免在人生的岔路口走错了方向，才能更好地处理与异性朋友之间的关系，全身心地投入学习中。

交往尺度——告诉孩子大方地与异性相处

◎ 父母的烦恼：

女大十八变，邱太太的女儿菲菲长大了，脸上虽然有几颗痘痘，但还是越长越漂亮。这个年纪的女孩子，很招人喜欢。邱太太听女儿几个姐妹说，老有人给菲菲递情书、写纸条。做妈妈的她，也很担心，真怕菲菲一不小心陷入早恋的泥潭。这不，有天给菲菲拆被子的时候，居然掉出一张纸条，她就开始看起来：

"今天我遇到一件我怎么也想不到的事情：下课铃响了，上了一节课后，浑身难受，我就来到走廊上，舒展一下手脚向远处眺望。有一个男孩慢慢朝我这边走来，他不是学校的学生会主席吗？很多女孩都喜欢他，暗恋他。他身高1.78米，好帅，好神气，从不正眼看一个女孩。我赶紧移开视线，谁知他来到我身边递给我一张纸条就走开了。我悄悄走到角落打开一看：放学后，我在校外等你。我的心怦怦直跳，脸一下就红了。

放学后，我来到校外，他果然在那儿，他迎上来拉着我的手就走，我很快甩开他，他又来拉，我没拒绝了，毕竟心里喜滋滋的。他带着我来到咖啡屋，我们找到一个角落，点了两杯咖啡，他眼睛直直地看着我，很深情，一句话也不说。我怪不好意思的，低着头也不说话。他终于开口了：'我喜欢你，我们交往吧'。我吓了一跳，心怦怦跳得更厉害了，不敢正眼看他，害羞地跑开了。我该怎么办？我又不敢跟妈妈说。"

看完这些，邱太太的心里也久久不能平静。其实，她知道，女儿的内心也是矛盾的，毕竟，女孩永远对爱情有着美妙的幻想，希望有灰姑娘的爱情，但必须要告诉孩子学会正确地与异性交往，不能陷入早恋的泥潭。

与异性同学间的友谊是青春期的孩子之间最为敏感的话题，同性间的友情是可以公开的，但对某个异性的好感却是隐秘的，在口头上是坚决不承认的，这恰好反映出孩子的矛盾心理。这一时期的孩子对异性会有一些兴趣，会关注他们的言谈举止，这种好感是朦胧的、短暂的、不稳定的，所以当他在对某个异性产生兴趣的这段日子里，他非常反感别人来刺探他的想法，更讨厌别人干涉他的做法。当家长、老师问及这方面的事时，他一般予以否认，仅说是普通同学关系。事实是，这一时期的孩子的情感正处于朦胧期、矛盾期，他自己也很难说清楚。为此，很多父母很担忧。

其实，青春期男孩和女孩之间的交往的后果，并没有如很多父母想象的那么严重，甚至有一些良性的结果。当青少年进入青春期后，由于生理和心理发育的急剧变化，从而使情绪易于波动，因此，更希望倾诉，更希望独立。可是因为想法、思维的差距等多种因素，他们无法和父母顺利的沟通，于是，与人交往，包括与异性交往，就成为他们倾诉的一种方式。这些都属于正常现象，而非"恋爱"。

事实上，男女生交往好处多多，能从多个方面进行互补。男生往往比较刚强、勇敢，不畏艰难，更具独立性；而女生则更具细腻、温柔、严谨、韧性等特点——因此，从心理学角度看，男女同学正常的交往活动可以促使双方互补，对性格发育和智力发育都有益。

进入青春期的男女同学都有同样的心理，都希望自己能够成为受到异性注目和欢迎的人。为此，他们会尽力地改变自己、完善自己，这也是一个自我发展、自我评价、自我完善的最佳心理环境，是克服自身缺点及弱点的好机会。从小培养孩子与异性建立健康的情感，使他们能够理解异性、尊重异性，与异性发展自然的、友爱的关系，会为他们今后顺利地进入恋爱和婚姻关系奠定良好的基础。

而同时，单就青春期这一阶段来说，男女同学共同学习，相互帮助，友好相处，这是很有必要的。但与异性相处，一定要大方面对，那么，这个交往的原则应当如何把握？

♣ 心理支招：

父母要告诉青春期的孩子，在与异性交往的过程中要注意以下三个问题：

1.要有良好的交往动机，以促进双方共同进步为前提进行交往

以良好动机为指引下的男女同学共同的学习、活动，才会不断产生新的健康的内容，产生不断向前迈进的动力。

2.要把握语言和行为的分寸

交往要大方、要尊重异性，并且要开朗、热情，同时要与异性同学互帮互助，真正体现异性间的友谊。

3.扩大交往的范围，尽量不单独与某一异性活动

积极主动参与集体活动，努力使自己成为集体中活跃的一员，保持男女同学之间正常的友谊，不要让友谊专注在某一个人身上。尽量不要单独与某一异性同学相处。

总之，面对孩子与异性交往的问题，父母不可捕风捉影，但也要留意孩子的行为和心理，并指导他们正确处理和异性的关系，使其快乐地度过青春期。

"我好像喜欢上老师了"——帮助孩子理清对老师的情感

◎ 父母的烦恼：

这天晚上，王先生一家在看电视，突然他们看到一则新闻，说的是一个初中女孩向老师求爱被拒后离家出走的事，大致是这样的：

这个女孩出生在农村，哥哥在城里打工供她上城里的重点中学。她竟然喜欢上了自己的一个老师，当她向老师表白后，老师委婉地告诉她，她年龄太小，应该安心读书。女孩的"表白"在遭到老师拒绝后，前些日

子，女孩竟然不去上学也不回家。家人非常着急，四处寻找，好不容易在一家超市找到她，家人也都并没有责怪，女孩哥哥还劝她先好好读书，等将来学业有成，再谈感情也不迟。可谁曾想到，女孩在家里人不知道的情况下，又一次偷偷地离家出走，哥哥在出来寻找的途中恰好在路上遇到了她。女孩坚决不跟哥哥回家，于是，哥哥就动手打了她，还强行拉她回家。

在她出走前，还写了一篇日记："我确实长大了，我今年15岁了，一开始我问自己是不是疯了，真的觉得太不可思议了。现在我明白了，这是人生的必经之路，我不再迷茫了。经过反复思考，我发现我真的爱上他了。的确，我自己无法阻挡。他有妻子和孩子，不过我依然爱上了他。因为他有一颗善良的心。我是从初一就开始发现的。我刚来这个城市，在黑暗里挣扎的时候，是他把我挽救了出来。在我没有信心的时候，是他给了我信心，他让我重新站了起来。在我有危险的时候，他会不顾一切地帮我。为了我，他付出了很多。一开始我只是感激他，我对他一点点产生了依赖感，我发现我离不开他了。可那时，我只把他当做我的一个长辈。不过，现在我发现我不止把他当做老师，我爱上了他。"

看着这稚气未脱的女孩，王太太深深叹了口气，这时候，女儿问她："妈妈，如果一个女孩真的爱上老师怎么办？"

"女孩对于老师呢，一般情况下都是崇拜，而不是爱，你们这个年纪，对情感还是懵懂的，往往会混淆什么是好感，什么是爱！"女儿似懂非懂地点点头。

的确，青春期是每个孩子情窦初开的年纪，而与之接触最多的除了同学就是老师。对于女孩来说，她们尤其容易对稍长几岁的男老师产生一种爱慕之情，因为他高大、帅气，讲课慷慨激昂、语言幽默生动。而那些年纪稍大的男老师，也容易吸引年轻女生的眼球，因为他儒雅、绅士，即使最枯燥的课也能讲得栩栩如生。于是，很多女生感叹：爱上男老师该怎么办？

基于这个问题，父母一定要让女儿明白，她对老师的这种情感是爱慕而并非爱，爱与喜欢之间有很大的差距。

那么，父母该怎样帮女儿分清对老师的情感是爱还是崇拜呢？

♣ 心理支招：

1.先让女儿冷静思考一下几个问题

（1）爱一个人或许不需要理由，但必须知道爱他什么，也就是他有什么特质吸引了你。

（2）爱是相互的，爱一个人从某种角度讲，其实是意欲将自己的情感强加于被爱者，必须明白对方的感受或意愿。

你清楚老师被你"爱"的感受或意愿吗？

（3）爱除了是一种感觉外，更需要责任心。爱一个人说白了是要对对方的一生负责，包括生老病死，包括贫穷与灾难，包括可能的他的移情别恋。任谁都有权利爱或被爱，但必须清楚自己的爱的储备是否足够对方一生的消耗。请认真清点自己的储备是否充足？

（4）爱情也需要经济基础。

在经济社会，没有排除经济、社会地位、人文环境的"纯粹的爱情与婚姻"，爱的双方必须拥有相对平衡的社会平台。

2.告诉女儿："他并不是适合你的人。"

你可以从这样告诉女儿："首先，你们年龄上就有一定差距，人生经验和社会阅历上有差距，人生观、价值观上也有不同点，当然这并不是很重要的问题。

其次，青春期的喜欢并不稳定。你们之间并不是相互了解，你之所以喜欢他，是因为你把他想象的比现实中完美了。而你也许是情窦初开，等心理成熟以后，就会发现其实你所选择的他并不是你想要的那种人。

还有，在学校里容易受到周围人的影响，可能你并不想谈恋爱，但是别人都在谈，你也许就会去留意某一人，而实际上他并不一定就是你心目中原来的那个白马王子。"

总之，父母要让女儿明白的是，她应把对老师的爱慕转换为学习的动力。如果能教导女儿把这种喜欢的感觉用得恰到好处，让孩子产生学习的动力，那么是能对孩子的成长起到正面的督促作用的。

被人追求怎么办——教孩子学会拒绝异性的求爱

◎ 父母的烦恼：

游太太的女儿莉莉今年15岁了，出落成了一个漂亮的大姑娘，但最近莉莉遇到了一些烦心事。游太太和女儿之间从来都没有秘密，于是，她决定和女儿好好谈谈。

莉莉说，和那个关系好的男生就这样做"哥们儿"挺好的，但暑假的一个晚上，他在网上给自己留了一封情书，写的很长，足足有几千字，内容大致是："在别人眼里，可能你是个大大咧咧、甚至连裙子都没穿过的女孩，但我正是喜欢你这点，毫无掩饰、不拘小节。和你在一起的每一秒，我都很快乐。自从和你接触以后，我发现其他你比任何女孩都可爱。我也不知道为什么，我觉得自己如果不把这些说给你听的话，我会窒息。请你做我女朋友。我知道，让你一时接受这些很难，但请你好好考虑。"

"要不你就接受吧。"游太太开起了女儿的玩笑。

"什么，你开玩笑吧，这时候还拿我寻开心。"

"要拒绝是肯定的，但我觉得你不能直接拒绝他，毕竟你们以前的关系那么铁，他人也很好。人家写这份情书，也是需要巨大的勇气的，要是直接拒绝，肯定很伤害他，你们就连朋友都做不成了。"

"是啊，我担心的也是这个，他经常帮我忙，我真的拿他当好朋友。那你说我怎么办吧？"

"写一封信，拒绝的信，但一定要注意，态度要坚决，语气要委婉。"

"对哦，这样很好，能避免见面拒绝的尴尬。可你知道，我的文笔很差劲，该怎么写？"

"拿笔来，妈妈帮你，有我出手，还怕搞不定？"……

"情书"恐怕是很多男孩向女孩表达爱意的方式。一般情况下，男生收到女孩情书的情况是少见的，但也不是说绝对没有。那些长相帅气、成绩优异的男孩，也会引起女孩子的注意，也可能会收到情书。无论男孩女孩，情窦初开，当接到异性递来的"情书"时，脸红心跳是正常的心理现象。但一定要理智，不要抱有"有一个异性追求我，看我多有本事"的显示心理而四处炫耀，这是不负责任的，伤人也会伤己；也不能因为害怕伤害对方而犹豫不决，让彼此都无心学习；更不能不顾对方的脸面，不注意说话方式直接拒绝，甚至告诉周围的人。

故事中的游太太的做法是明智的。作为父母，也可以告诉孩子：你可以给对方认真地回一封信，劝对方放弃这种念头，抓紧宝贵时光用心学习。如果对方一而再、再而三地穷追不舍，你可以去信告诉对方：如果再这样，就去告诉老师。只要你的态度坚决而明确，一般来说，对方也就会放弃了。

♣ 心理支招：

孩子面对异性的追求，既欣喜也会苦恼，苦恼的根源在于他们既想拒绝这一爱情表白，又怕伤了对方的心。尤其在对方与自己有深厚友谊时，这苦恼就来得更为强烈。因为一旦拒绝，友谊很可能会随着一句"对不起"随风消逝。然而，父母必须告诉孩子，不管多么困难，不能接受的爱情总是要加以拒绝的。

为此，父母要教导孩子拒绝异性一定要选择好方法和时间。

1.态度要坚决，不能模棱两可

父母要告诉孩子："拒绝对于对方来说难免是一种伤害，但不能因此而犹豫不决。因为这样，会造成不必要的误会，对彼此双方都会造成伤害。既然是对你有好感、追求你的人，对你的言行都非常敏感，不要给他任何希望，才会让他知难而退。"

2.学会不伤自尊地拒绝对方

如果对方是道德品质好、真心实意求爱的异性，如果你希望能维持彼此间的友谊，就要注意自己说话的方式，尽量减少拒爱给对方的心理伤害，也使对方更易于接受，要设法维护对方的心理平衡，尽量减少对方的内心挫折。要让对方明白，你拒绝他并不是因为他不够好，而是因为自己的原因。具体说来，你不妨先对对方的人品和才华等加以赞许，然后说明你为什么不能接受求爱的理由；说出的理由要合乎情理，最好从对方的角度提出有利的方面，让对方觉得拒绝也是为了他(她)好。

3. 选择合适的时机

合适的时机是对方求爱一段时间后。一般来说，不要在对方刚表白了爱情时立即加以拒绝，因为此时对方很难接受；但也不可拖延太久，给对方造成误会。当然，具体选择什么时机，要视具体情况而定。

4. 选择恰当的方式

应该考虑到你们平素的关系和对方的个性特点，选择或冷处理、或面谈、或书信等方式。但建议不要采用托人转告的方式，也不要在公共场合，因为这显得对对方不够尊重，还可能带来不必要的麻烦。

上述几点是父母要告诉给孩子的关于真心拒绝异性的求爱要注意的问题。另外，还要让孩子明白的是，如果对方属无理纠缠，可以求助于同学、老师、家长甚至学校领导，对此不要害羞，更不要胆怯。越害羞、越胆怯不敢告诉老师、家长或校领导，对方的胆子会越大，所以一定要勇敢些。

第⑬章

青春期的孩子追"流行"，让孩子正确面对心理欲望

古人云："爱美之心，人皆有之"，这一点，对于青春期的孩子来说尤为明显。自我意识尚未完全建立的他们，对"美"的概念比较模糊，他们认为时尚的、潮的就是"美"的。青春期的孩子追星、爱打扮并无过错，但如果疯狂追星，以为奇装异服、浓妆艳抹就是"美"，就是愚蠢的，不但会影响孩子的学习，还会浪费钱财、磨损时间，甚至使孩子形成错误的价值观。为此，父母要从青春期孩子的心理特点入手，引导孩子认识什么是真正的美，进而让孩子从盲目追星、追潮流的误区中走出来。

"追星族"的心理——孩子盲目追星怎么办

◎ 父母的烦恼：

有一个周六的晚上，雷女士看到女儿在上网，便对女儿说："你能帮我找找邓丽君的歌儿吗？"

"老妈，不是吧，那么老的歌儿你还听啊？"女儿一副不屑的样子。

"妈妈那时候可是邓丽君的铁杆粉丝呢，我可不喜欢什么周杰伦的歌儿，听不惯！"

"原来妈妈以前也有偶像啊！"

"有倒是有，可不像你们现在的孩子，还追星，为了一张演唱会的门票，可以省吃俭用，甚至等个通宵也要买到票！"

"您怎么知道有人这样追星啊？我们班就有几个女孩子这样，我可没那么疯狂！"

"我们单位好多年轻人也这样啊，还是我女儿理智啊。"

"但是妈妈，我们可以有偶像，可以追星吗？"

"什么事情都有个度啊，你有偶像没错，但要看是什么偶像，为了学习他什么而把他当成偶像的，这是没错的。'追星'要'追'的有意义，不可盲目去做一些'傻事'。就在2006年的时候，有位女士为了与刘德华拉近距离合影，不惜倾尽家产，而导致家败人亡！这种追星的方式就不对嘛！"

"妈妈说得对，我喜欢周杰伦的歌，也是有原因的呀。周杰伦在领金曲奖'年度最佳专辑'奖时曾说过一句：'好好认真读书，好好听周杰伦的音乐'，杰伦的音乐以公益歌居多，如《梯田》《听妈妈的话》《外婆》《懦夫》等，几乎每张专辑都会有！"

"女儿说的也有道理啊……"

就这样，母女俩就偶像问题聊到深夜。

的确，现在的中学校园里，聊得最多的话题就是明星和偶像。这些少男少女，对明星们似乎有着一种狂热，追星的大部分人也是这些处于青春期的孩子们。"追星"行为是指青少年过分崇拜迷恋影视明星和歌星的行为。中学生追星现在已经成为一种普遍的潮流。初中生也就成为追星族中的一支力量。

那么，这些孩子为什么会成为追星族中的一员呢？

1. 慕拜心理

我们不难发现，孩子们所追的星，男的大多英俊潇洒、风流倜傥；女的则羞花闭月、沉鱼落雁，扮演的也多是些娇媚可人；球星也都英姿勃勃、气质逼人。这些难免让那些少男少女们羡慕、迷恋、崇拜甚至疯狂。

2. 从众心理

在孩子中，追星现象很普遍，势力也很大，以致本来没多大心情追星的人，为了不被看做"落伍"，也自觉不自觉地加入了。

3. 时尚心理

"追星"在不少孩子看来，就是件时髦的事，只要有"星"可"追"就足够了。

事实上，无论是谁，都需要一个目标，榜样的力量是无穷的。正如"没有星星，宇宙将漆黑一片"一样，年轻人需要榜样。偶像肯定是在某个领域获得巨大成功后才成为偶像的。但盲目追星，是会让自己的生活陷入无目的之中。对于孩子盲目"追星"的行为，父母一定要及时予以纠正。对此，父母可以从以下几个方面努力：

♣ **心理支招：**

1. 帮助孩子树立明确的目标与理想

实际上，追星现象在那些学习成绩差、没有目标的孩子身上体现得更为明显。他们这样做，是为了另辟蹊径树立在同学们心中的形象。他们刻意模仿明星们的作风，收集明星们的信息，把这些作为在一起交往时，炫耀自己的能干、消息灵通的资本，以此抬高自己的身价。而那些学习成绩优异的同学，对明星的关注度会很小很多，因为他们已经有树立威望的资本——学习成绩。

因此，作为父母，要帮助孩子找到学习的乐趣，让其树立学习的目标。当他们为理想奋斗的时候，也就没有那么多的精力"追星"了。

2. 让孩子"追星""追"的有意义

父母不可否定孩子的追星行为，但要告诉孩子："追星"要"追"的有意义，不可盲目去做一些"傻事"。如何说"追星"追的有意义呢？就是说在"追星"的同时，也去学习别人的那些高贵品质。许多明星之所以成名，是因为他们付出了许多心血和汗水。他们的人生道路并不是一帆风顺的，许多明星的品质都值得我们学习。

你可以给孩子举一些能启发孩子的明星的例子，比如郑智化：他虽然是残疾人，但他身残志不残，毅然选择了自己所喜爱的事业——演艺。他靠坚强的意志，唱出了许多好听的歌，大家都熟悉的《水手》就足以证实。

当你告诉孩子这些后，他就会有选择性地树立自己心中的偶像，而不至于盲目。同时，他们会学习这些明星身上那些可贵的品质，这就是"追星"的意义。

3. 培养孩子正确的审美趋向，让孩子知道什么是美

很多孩子之所以追星，完全是因为他们被明星俊美的外表打动，于是，他们便开始刻意地模仿明星的穿着。而这是因为，孩子还不知道什么是真正的美丑。为此，在生活中，作为父母，要对孩子进行一些价值观的教育，让孩子知道，心灵美才是真的美。当孩子对审美的标准发生改变以后，也就理智得多了。

作为青春期孩子的父母，正确引导孩子的追星情结，才会让孩子理智地认识追星。这样，孩子就不会盲目地跟在明星后面，而是行动起来，为自己的目标奋斗，为自己的梦想努力。这样，你的孩子也会成为建设国家的栋梁之才和耀眼之星！

"别人有的我也要"
——孩子小小年纪就虚荣心强怎么办

◎ 父母的烦恼：

每次开家长会后，很多家长都会向学校和老师反馈一些教育难题。这不，就有一些初一学生的家长和老师们交换意见了："我女儿每个星期天一回到家，就会对我提出各种要求：'同学们都买新球鞋了，我的球鞋一点也不好看，更不是名牌，太丢人了，我要买双名牌。'"

这位家长刚说完，其他家长也跟着附和起来了："我儿子说'我的电脑太旧，人家笑话我是老牛拉破车。你什么时候给我买一台新的？'"

"女儿大了，有了攀比心理，这我理解。但是家里经济条件并不太好，孩子每次提出要求，我都很为难。请问，有什么方法可以既不伤害女儿的自尊，又能消除她的攀比心理？"

"现在的孩子怎么了，做父母的不容易啊，为他们提供这么好的学习环境，怎么还要求这要求那的呢？"

"是啊。"

这些家长们七嘴八舌地聊了起来。

随着物质生活的逐渐改善，金钱和物质的熏染已经蔓延到青春期孩子身上。一些爱面子的青春期孩子之间的攀比现象无处不在、无时不有，不同年龄、不同家庭背景的孩子，都有基于自身特点的攀比之心和攀比之行。一般情况下，这种攀比都是物质上的、盲目的。

攀比深深地渗透于原本质朴的孩子的生活和学习过程中，影响着他们的思想、学业和行为。为了追逐潮流，如名牌服装、高档手机、电脑、数码产品等，使得许多孩子形成攀比心理，很多父母不堪经济重负，纷纷喊累。

因此，父母对孩子过于讲究穿着的现象不能掉以轻心、任其自然，更不能盲目迁就，助其发展，而应该加强对孩子进行健康的审美教育，正确引导，帮助他们克服不良的消费观念和消费行为，形成正确的消费观念和消费行为。

♣ 心理支招：

1. 以身作则，为孩子树立榜样，提高自身审美情趣

青春期的孩子虽然已经有独立的意识，但很多行为观念还是受父母影响的，尤其在审美情趣上。如果父母也盲目追求名牌或者奇装异服等，孩子自然上行下效。比如，妈妈如果告诉女儿："这件衣服虽然不贵，但穿在女儿身上还是很好看的！"这样，女儿就会认为，衣服不一定贵才好看。

另外，现在很多父母有炫富心理，认为现在生活条件好了，不必省吃俭用。孩子是自己的招牌，让孩子吃好、穿好，面子自然就有了。其实，这也是对孩子的思想观念的一种误导。

2. 转变孩子的攀比兴奋点

任何人都有争强好胜的思想，谁也不想落后，孩子也一样，尤其是已经有独立自主意识的初中孩子。他们有攀比的心理，说明他内心有竞争意识，想达到别人同样的水平或者超过别人。父母要抓住这种上进心理，改变孩子比吃、比穿的消费倾向，引导孩子在学习、才能、毅力、良好习惯等方面进行攀比。

当然，父母要注意的是：改变攀比兴奋点不是一件容易事，要重在引导，而不是生拉硬拽地让孩子转移自己的攀比兴奋点。例如，当孩子和同学比穿着的时候，有的父母生硬地说："人家有钱，咱家没钱，有本事你就和人家比学习，将来超过他，赚大钱了自己买新衣服。"这样的话只能让孩子感到不如他人，甚至产生自卑心理。

3. 让孩子学会自己和自己比，促进孩子进步

人们通常都会将自己和他人比，于是，会产生自卑等情绪。事实上，父母应告诉孩子，让他和自己比。例如，让孩子今天和昨天比，这个月和上个月比，本学期和上学期比。在比较中，孩子会看到自己的进步：原来不认识的字现在认识了，原来不会骑自行车现在也会了……这些比较可以让孩子获得自信，并在欣赏自己的过程中努力超越他人。

4. 正面教育孩子，学生的天职是学习，把攀比变成孩子健康成长的推动力

作为父母，应教育孩子集中精力搞好学习。要通过教育，使孩子明白自己是一名学生，而学生的主要任务是学习，应把主要精力放在学习上。孩子攀比，你可以告诉他，他应该与同学比成绩、比品德等，而不是比吃穿，以德服人才是真正的优秀。这样，孩子就会把攀比的焦点放在学习上了。

5. 帮助孩子充实内在，淡化虚荣心

有些父母认为，孩子的主要任务就是学习。当然，这是正确的。但青春期也是孩子人生观、价值观的形成期，作为父母，不要把全部的眼光放在提高孩子的学习成绩上。只有充实孩子的内心世界，他才不会盲目与人攀比。比如，你可以为孩子购买一些能充实孩子内心的书籍，这样，孩子就不是一个"绣花枕头"。通俗上说，孩子很爱看书，自然也就不会整天琢磨外表或其他的事情了。

总之，攀比也是很正常的心态，每个人或多或少都有攀比心，包括成人。良性的攀比能使人奋发。但作为青春期的孩子，如果不经父母的帮助和指点，很容易盲目攀比而误入歧途。因此，父母要引导孩子，不要让孩子在物质上比，而是要比学习、比品德、比做人的本领、比对集体的奉献、比各自的理想、比自己的特长。在这样一种良性的竞争中，孩子一定会健康地成长！

"我要美丽"——告诉女孩，青春期化妆不可取

◎ 父母的烦恼：

杨太太在向老友们谈到自己的女儿时，说到这样一件事：

一个星期天，她打算和丈夫一起，带上女儿去看望在另一个城市的姐姐，可女儿说自己不怎么舒服，想在家看电视。她叮嘱完女儿自己注意安全后，就出门了。

刚出路口，她突然发现手机忘带了，就准备回家拿。回去的时候，几道门都没关，她心想，这丫头，也不怕小偷进家门，刚嘱咐的就忘了。她正准备进房间拿手机，却发现女儿正在自己的梳妆台旁边涂她的睫毛膏，看见妈妈进来，女儿不知所措，吓的把眼睛都弄黑了。

"琳琳，你在干什么？"

"我看见班上几个女孩子都已经开始用口红和粉底了，也想看看自己化妆了以后是不是也会变漂亮。可又怕您不同意，就想趁您不在家的时候，自己化妆看看，可我不会用。也没想到，你突然跑回来了。要不，您什么时候教我吧，我以后还可以参加一些聚会呢。"

杨太太一言不发，就走了，临出门的时候，说了一句："要记得锁门。"

杨太太的老朋友说："琳琳也不是小孩子了，可以化妆了，你不教孩子化，人家只能偷着化嘛。"

"姐，那你说错了。琳琳还小，用那些成人用的东西，第一，对身体不好；再者，也不适合她这个年龄。晚上回去，我得好好跟她说说。"

晚上回家后，杨太太便给女儿上了一堂关于青春期是否能用化妆品的课。

爱美，是每一个女孩的天性。很多青春期的女孩开始化妆，认为这是

跟上时尚和潮流的一大表现。但对于青春期女孩来说，真正的美丽是纯真的，本真的才是最美的。作为父母，尤其是母亲，应该告诉女儿，青春期是身体发育欠完善的时期，这些行为对身体有着诸多害处，不要让女孩青春的花儿过早地凋谢！

♣ 心理支招：

1.应该告诉女孩青春期化妆的一些危害

（1）容易导致免疫力低下。青春期是儿童向成人过渡的关键时期。女性的青春期比男性的青春期出现得略早，一般从10岁左右开始，至20岁左右结束。在此期间，女性的卵巢会分泌大量的雌激素，促使其生殖系统开始发育，并形成月经。同时，青春期女孩的心理也会发生很大的变化。这些情况都会对其免疫功能产生一定的影响。而青春期女孩的免疫力一旦下降，就会出现原发性闭经、痛经、月经不调、生长发育缓慢、脸上生长青春痘、易感冒、精力不集中、营养不良等症状。

（2）伤害皮肤。进入青春期，人的生理会发生一系列变化，特别是随着内分泌功能的变化，少女的皮肤会变得洁白细腻，富有光泽和弹性。面对楚楚动人的美丽肌肤，关键在于保养，而不是化妆品的覆盖。

一般来说，18岁以后就可以用化妆品了。而青春期的女生是指12~18岁的女生，还没成年就不应该用化妆品。因为化妆品中或多或少含有一些有毒的化学物质，对人体总是有一定程度的影响。而且，化妆品的质量参差不齐，质量差的化妆品对人体的伤害更大。因此，别看其他女生也在用就去学她们，在青春期，女孩的皮肤是最好的，自我调节能力好，尽量不要用化妆品，用一些温和的护肤品就好！

2.告诉女孩一些护理皮肤的方法

随着环境污染的加重，加之青春期户外活动多，空气中的粉尘落到脸上，涂在脸上的化妆品中的粉质、油脂等阻碍了皮肤的"呼吸"，给皮肤带来不良刺激。因此，父母应告诉女儿，在回到室内的时候，应注意及时清洗。清洗时可用温水和香皂，而不必过分强调用洁面乳等。清洗干净后，干性皮肤也可适当涂些水性乳液，但应适量。油性皮肤可不用任何化妆品，适当按摩即可。

另外，有些少女长了痘痘后，出于爱美之心，便选择各种"治疗"粉刺的化妆品，"多"管齐下，以为这样肯定能消除恼人的痘痘。也有一些女孩为了掩盖痘痘，涂一些粉底来掩盖住痘痘。结果事与愿违，适得其反，使皮肤更差，痘痘越来越"猖獗"。防治粉刺，其实关键在于皮肤清洁，保持毛囊畅通，注意少食辛辣刺激性食物。痘痘的出现，尽管其发生与多种因素有关，但主要是与内分泌、皮脂分泌旺盛和面部不洁、过度使用化妆品有关。

总之，父母要让女儿明白的是：可以理解他们爱美的心情，但什么样的年龄就应该具有什么样的美，青春期的这种美是天然、富有朝气的，是用任何化妆品和人工的修饰都无法达到的！因此，青春期女孩化妆不可取。青春期皮脂分泌旺盛，若再用过多的化妆品，必然给皮肤的"呼吸"增加困难，影响皮脂分泌，因而有碍美容。

阳光男孩该怎样打扮——告诉男孩奇装异服并不帅

◎ 父母的烦恼：

王先生的儿子叫王刚，他是同龄的男孩中始终走在"时尚前沿"的一个。这不，有一个星期天，他并没有和同学一起去打球，而是神秘地"失踪"了一天。到晚上的时候，他神采飞扬地跑来找好友小伟，对小伟说："怎么样，我这发型？"

"你把头发染了？"小伟诧异地问。

"是啊，你不是看见了吗？怎样？我这色儿？"王刚还在炫耀着。

"你不怕你爸妈扒了你的皮？我们才十几岁呢。"

"大不了一顿骂，我们这个年纪不打扮，会被人认为是老土的。你看，我们学校好多初一初二的男孩都把头发染了，我们做师兄的应该带头嘛。"王刚开着玩笑。

"可是，你明天怎么面对老师呢？万一老师要你染回去怎么办？"

"是哦，我怎么没想到呢？我爸妈的话可以不管，老师可不是好惹的，要真是要我染回去，我就说我这是定型定色的，染不回去了，他也没办法。"

"我劝你还是染回去吧，染发好像对身体不好哦，我们上网查查吧。"

上网搜了很多资料后，王刚的确看到好多关于青少年染发伤身体的评论。当天晚上，他就跑到理发店，恢复了头发的颜色。为这事，王刚花去了一个月的零花钱，后悔不迭。

青春期的男孩，逐步接受成人世界的一些做人做事、穿着打扮的方法。另外，随着广告、媒体、娱乐等的宣传作用，很多男孩追求个性、时尚的生活方式，开始盲目追星，开始喜欢穿一些奇装异服，开始喜欢表现自己的男子汉气概，喜欢出头。青春期是接受新事物的年纪，但作为父母，一定要指导孩子有所选择地接受。对于外界对孩子的影响，要告诉他们学会取其精华，去其糟粕，然后为自己所用。

"爱美之心，人皆有之"，这并不是女孩爱美的口号，男孩也不例外。每个男孩都希望自己可以打扮得阳光、帅气一点。每当他们穿上买的新衣服，心里总是美滋滋，走起路来也特别神气。但青春期男孩一般都是学生，他们正在求学的时期，又没有经济收入，穿戴方面不宜赶潮流、追时髦，只要衣着整洁、朴素大方即可。

作为父母，有必要指导孩子学会阳光地打扮自己。

♣ 心理支招：

1.告诉孩子基本的着装要求

（1）要干净整齐，不能邋遢、有异味。

（2）不能穿背心，更不能光膀子。

（3）不能穿拖鞋，更不能打赤脚。

（4）不能戴有色眼镜。

（5）衣服扣子要系好，不能敞胸露怀。

（6）不能穿奇装异服，和学生的身份不符。

（7）不要染发、打耳洞，不需要盲目和同学攀比、追求名牌。

2. 让男孩学会一些正式场合的穿衣大法

作为未来成熟男士，青春期的男孩也需要了解一些正式场合的穿着打扮。

男士在出席宴会、正式会见、招待会、婚丧礼、晚间的社交活动必须穿深色西服，衬衫要求穿白色，要求佩戴有规则花纹或图案的领带，颜色对比不宜太强烈。细细说来，需要了解以下几个方面：

（1）衬衫。白色为衬衫里的经典色，男人的衣柜中，应该多备一些白色的衬衫，也可以买一些如象牙色、灰色、浅蓝色等柔和色调的衬衫，浅色衬衫比深色衬衫更具有权威；长袖比短袖更正规，细条纹比粗条纹典雅；衬衫要熨好；衬衫袖口应该略长于外套1/2英寸，外套袖口到大拇指尖应该保持5 1/4英寸，衬衫袖口到大拇指尖保持4 3/4英寸；领圈要留一定的空隙，90%的男士领圈都绷得紧紧的，这样显得很臃肿；脖子短的人应该选择低领衬衫，长脖子的人应该选择相对高一点的领子；浅蓝色衬衫最上镜头，在电视采访或录像时穿着最佳。

（2）领带。深色、条纹花案小、简单的领带更具有权威性。斜条、暗格、几何图形的领带更能让人接受，不要带那种飞机、坦克、高尔夫球图案的领带。

（3）皮带和背带。皮带和鞋子颜色一致；黑色皮带适用于任何颜色的服饰；皮带不要太宽或太细；皮带扣应该大小适中，金色为最佳颜色；背带的颜色应和服饰相配，背背带就不系皮带。

（4）袜子。深色袜子可以和任何颜色的衣服相配，如果穿浅色的衣服，袜子颜色也可以浅一些，但是一定要略深于衣服颜色；袜子要包住小腿部位不能只到踝部。

（5）鞋子。系带皮鞋更庄重正规，一脚登比较适合夹克衫和宽松装；黑色的皮鞋可以配任何颜色的服装；低跟皮鞋更有绅士风度，粗犷豪放的厚跟皮鞋不适用于职员、经理人；每两天擦一次鞋，锃亮的皮鞋给人感觉很酷。

爱美是没错的，但人的打扮一定要得体、要适当，才显出美和可爱。不同年龄、不同身份的人有不同的形象要求。总之，父母要让孩子明白的是，青春期本身就是美丽的，不需要任何刻意的修饰。青春期也需要理智地对待身边的发生的事，这样，青春期才会过得纯洁、快乐！

"为什么我这么胖"——告诉女儿，青春期不可节食减肥

◎ 父母的烦恼：

"我女儿今年18岁。孩子自生下来后，身体一直比较好。她12岁左右，听到别的同学叫她胖子。其实她离小胖子还很远，只是身体很结实，稍微有些胖。自尊心太强的孩子从此就心理压力很重，但她从来没有给家长说过些。一直到初三，由于她父亲总是强迫孩子吃饭，她不敢反抗，只好用呕吐减肥，每次按她父亲的要求吃完饭后就去卫生间吐。这种情况一直持续到2006年我才发现，这期间我和她父亲于2004年10月离婚了，孩子跟着我，当时正上高一。高中三年，我发现孩子变化很大，一是不太诚实，二是身体消瘦得很厉害，三是饭量特别大，四是总有病，我带她做了各种检查都没问题。在前一段时间高考前，她由于心慌气短不能上学，一直在家里休息，今年高考的成绩可想而知。她现在已无法控制自己吃东西，非常痛苦，想吃东西的欲望是间隙性的，想吃的时候就非常烦躁，吃

了再吐了就好了。自从今年年初她告诉我情况后，我和女儿一直在努力想改掉这个毛病，半年来这种情况有了很大的改观，但她还是阶段性地复发。我们这个城市没有心理医生，想带她去别的地方看，她坚决不去。我也在网上多方查看这方面的信息，想尽办法诱导她，情况有所好转，但改变不大。"

因为外表而使这个女孩的身体健康受到损害，使她的心理处于极度自卑之中，而父母又发现得晚，以至于女孩在出现心理问题时，才引起母亲的注意，这对女孩来说是极其残忍的一件事。

女孩天生爱美，随着年龄的增长，女孩到了青春期，爱美之心也就日益强烈。大多数的女孩对于自己的外表都不满意，她们总是觉得自己的外表有缺陷。于是，很多女孩选择减肥来让自己变得更漂亮。减肥并没有错，但父母一定要正确地引导女儿，教女儿正确看待减肥，不能因为减肥而影响身体的发育和学习的进步。

青春期是每个孩子的人生过渡期，这一阶段的身心发展关乎孩子的一生，父母必须引起重视。面对孩子减肥，父母必须加以正确的引导。那么，父母该怎么引导呢?

♣ 心理支招:

1. 告诉女儿，真正的自信并不是来自于外表

爱美的确是女人的天性，但因为美丽的外表而获得的自信并不是真正的自信。父母应该在女儿小的时候就给她传输这样的观念，尤其是那些对自己身材不满的女孩，不要畏畏缩缩,总想把自己藏在人群里。

15岁的晶晶也是一个胖女孩,但无论做什么事情她都充满自信:自告奋勇当班长，报名舞蹈班学舞蹈，积极与老师讨论自己的解题思路……当老师问起晶晶的父母是如何让晶晶如此自信时,晶晶的爸爸说起了那段经历:晶晶刚上学的时候也非常自卑，因为她觉得同学们都因为她胖而不愿意跟她交朋友。她常常以"不饿"为理由拒绝吃饭，我怕她这样下去身体和心

理都会受到伤害，我们便用她的偶像——杨澜来激励她："你知道杨澜阿姨为什么这样优秀吗？""因为她漂亮。"那段时间女儿对外表的关注已经走火入魔了。"你不是收集过杨澜阿姨的很多资料吗，你认真地回答我，杨澜阿姨是漂亮还是有气质？""有气质！""你知道她的气质是怎样得来的吗？""不知道。"女儿迷惑地摇摇头。"是因为她自信，她对任何事都满怀着信心，用最积极的态度去做，所以她成功了。也正是她的成功又增加了她的自信，不信你可以看看她的自传。"女儿认真地读起杨澜的自传来，就是从那时起女儿不再那么关注外表了，并且也变得自信并积极起来。

女孩关注自己的外表并不是坏事，但过度关注外表就很容易变成坏事。因此，父母在女儿小的时候就应告诉她，真正的自信并不是来自于外表，而是来自于充实的内心。

2. 告诉孩子刻意减肥的坏处

女孩体型过胖，可以减肥，但要选择正确的方法。青春期是长身体的时候，万不可过度节食。节食甚至绝食，身体会垮掉，体质下降，身体机能紊乱，免疫力下降，甚至造成肌无力等严重后果……

3. 告诉女儿应该合理饮食，才能有健康的身体

正确的减肥方法首先应该有合理的饮食习惯和适当的运动。

（1）饮食：低热量、高蛋白质、低脂肪的食物为主，多吃蔬菜和水果，多喝水，禁吃垃圾食物。每餐5成饱，早餐可多点，8~9成饱。

（2）运动：适当的运动是必要的，不能因为学习的繁忙而忘记运动，这是很多女孩子体质差的原因。

青春期的女孩正是追求美和爱美的阶段，但她们不能分辨什么是美，什么是丑。这时，父母就要给女儿一个值得信任的理由，让女儿坚信它，不再盲目地减肥。父母还要告诉孩子，外表美并不一定是真正的美，心灵美才是真正的美。让女儿健康地度过青春期，是做父母的责任！

"我也想穿高跟鞋"——告诉女儿高跟鞋是不适宜的美丽

◎ 父母的烦恼：

佟女士的女儿茗茗一直被同伴们称为"假小子"，但奇怪的是，最近一段时间，茗茗迷上了一本少女杂志，她突然很想把自己转变成一个"女孩子"。于是，她存了一个多月的零花钱，准备买一双高跟鞋。

一天，邻居一家正睡午觉，楼道里"咚咚的"声音把他们吵醒了。邻居打开门一看，敲门的正是茗茗，他们看着茗茗的"转型"，简直是惊呆了，以前的"假小子"一下子变成了一个美丽的少女。

佟女士也听到动静，从家里出来，看到女儿穿着一双高跟鞋。她知道高跟鞋对女儿的身体有害无利，准备跟女儿好好谈谈。

经过一番了解，原来事情是这样的：茗茗每次看到走在T型台上的模特，总是羡慕不已，因为她们总是有一双美丽的高跟鞋，能使身材显得更加高挑。茗茗也跟妈妈提过，希望能买一双高跟鞋，佟女士一直没答应。这不看到杂志上的模特，她的心里更痒痒了。

茗茗对佟女士说："妈妈，我有好多裙子，配高跟鞋更好看。你看，这是我自己存钱买的，你应该不会反对吧。"

"穿高跟鞋的确很好看，可是不适合你们这个年龄啊，而且，还有一些危害。"

"什么危害？"

"我不是危言耸听……"

有人说："没有穿过高跟鞋的女人就不算是女人。"女人们大多都爱高跟鞋，仿佛它有神奇的魔力，能让女人瞬间变得有自信。高跟鞋是衬托女性挺拔秀丽身段和时尚的元素之一，高跟鞋是女人一生无法抗拒的诱惑。穿上高跟鞋，重心前移，挺胸收腹，显得健美、轻盈、风姿绰约。于是，很多女孩，和故事中的茗茗一样，早早地穿上了高跟鞋。其实，作为父母，应该知道，青春期女孩是不宜过早地穿高跟鞋的。对孩子的这种爱美心理，父母一定要及时引导。

♣ 心理支招：

1. 告诉女儿，过早地穿高跟鞋会引起骨盆和足部形态发生变化

（1）对骨盆生长有很大的阻碍作用。骨结构中，软骨成分较多，骨组织内水分和有机物丰富，无机盐少，骨质柔软，很容易变形。骨盆是由骶骨、尾骨、左右髋骨、韧带和关节结合而成的一个骨环。骨盆是人体传递重力的重要结构，穿平底鞋时，全身重量由双足负担；穿高跟鞋时，全身重量主要落在脚掌上，这样就破坏了正常的重力传递负荷线，使骨盆负荷加重，容易引起骨盆口狭窄，给成人后的分娩带来困难。穿高跟鞋还有可能使骨盆发生不易觉察的转位，影响骨环的正常结合，导致骨盆畸形。

（2）影响足骨的发育。足骨的发育成熟大约在15～16岁。鞋的大小直接影响足骨的生长，严重的会让足部产生变形。过早地穿高跟鞋会使足骨按照高跟鞋的角度完成骨化过程，容易发生跖趾关节变形、跖骨骨折及其他足病。这些疾病都会引起足部疼痛，严重时可影响行走、活动。

有调查显示，长期穿高跟鞋的女性，腿部、会阴和下腹部的肌肉总是处于紧张状态，这直接影响到了盆腔的血液循环，使盆腔性器官的正常生理功能受到不良影响。

因此青春期的少女不宜穿高跟鞋，特别是那种跟高7～8厘米的超高跟鞋。女孩平时以穿坡跟鞋或跟高不超过3厘米的鞋为宜，这样能有效减轻腿部承受的压力。

你可以这样告诉女儿："我知道你长大了，开始爱美了，可能很多和你们同龄的女孩子都有一两双高跟鞋，但你要知道高跟鞋对青春期女孩的危害很大。青春期的到来，并不代表你们已经发育成熟了，这是一个过渡

期，很多成年女性拥有的'权利'对于你们来说，还为时过早。等到你们真正成熟之后，再去享受成年的美好，也为时不晚。"

2. 向女孩传达"青春期女孩自然最美"的审美观念

女孩想穿高跟鞋，主要还是因为追求时尚，认为时尚的就是美的。父母要在生活中潜移默化地让孩子明白，什么样的年纪，就该有什么样的美，青春期，自然的才是最美的。

第⑭章

叛逆的孩子更钟爱网络，引导孩子不痴醉不沉迷

人类已经进入21世纪，信息技术日新月异。作为父母，要想孩子能适应现代文明，就必须引导孩子健康上网，为孩子建立起一个绿色、安全、健康的网络天地、绿色信息通道。很多父母为了避免孩子受到网络的毒害，因噎废食，其实，这是不正确的。上网也没那么危险，对于青春期的孩子来说，网络是"大灰狼"还是"牧羊犬"，关键在于父母如何引导他们正确上网。孩子上网，不但可以掌握计算机和网络应用技能，还可以拓宽视野。但青春期的孩子好奇心强，渴望知识，面对游戏以及网上花花绿绿的虚拟世界，常缺乏冷静而客观的态度。作为父母，一定不能掉以轻心，要引导孩子正确上网。

父母谈网"色"变——孩子迷恋网络怎么办

◎ 父母的烦恼：

最近，一位家长给心理咨询师写了封信，信的内容是这样的：

孙老师：

您好！

我听学校的老师说您在教育孩子方面很有一套，您为很多家长解决了难题，很专业也很热心，我很感动。我们这些独生子女的父母真需要您这样的老师给我们指点迷津。

我儿子今年15岁，正在读寄宿初中，今年三年级了。他现在转变可大了。记得小学的时候，他的学习成绩一直是班上前几名呢。在初一上学期之前，他性格也很活泼。但初一下学期他突然回家不爱说话了，迷上了网游，后来一放学就自己待在屋里，不管什么时候都要关上门，作业也不做。他现在整天不上课，不是上网吧就是在宿舍里睡觉，父母、老师的话都听不进去，上个学期考试好几门不及格。除了上网玩游戏外他什么爱好也没有，我曾试着带他一起锻炼、郊游、摄影、逛书店，但他哪儿也不去，周末回家后就是睡觉。原来我们以为是青春期的表现，但已经快三年了，也不见好转，我都急死了，我还希望他能考上一个好的高中呢。我也不知道怎样才能改变他。您能告诉我怎么办吗？

想想这位家长，肯定心急如焚，心理咨询师给他回了一封信。

现代社会，互联网已经盛行，互联网在给人们的生活带来方便的同时，也给人们带来一定的毒害，尤其是孩子。事实上，现在的孩子，学会上网的年纪越来越小。对于青春期的孩子来说，上网聊天、玩游戏似乎已经成了每日必做的功课。孩子上网无可厚非，但沉迷网络，肯定不是什么好事。大部分父母对孩子上网都持否定的态度。其中担心影响学习、结交不良朋友、接触不良信息成了父母反对孩子上网的主要原因。

孩子上网影响学习成绩，是父母普遍担忧的现象。孩子长时间上网，会导致作业无法按时完成，上课质量下降，甚至会过于依赖网络，利用上网来搜索作业答案，造成独立思考能力下降。未成年学生自制能力差，一旦迷上了网络，便会长时间"寄居"在网上，将大量的时间和精力都投入到网络世界。对此，很多父母头痛不已。看到网瘾对青少年的种种毒害，不能不引起父母的忧虑：孩子沉迷于网络的原因是什么；父母应该怎么帮助他们？父母可以从以下几个方面让孩子解开网络的束缚。

♣ 心理支招：

1. 掌握网络知识，不做网盲

父母不懂网络，就不能正确引导孩子上网，督促孩子健康上网。应该注意发现孩子上网中碰到的问题，在上网过程中及时与其交流，一起制订有力的措施。同时父母还可以在电脑上设置防火墙，防止孩子受到不良文化和信息的影响。

2. 和孩子一起上网

网络的确可能会给孩子的学习带来影响，但并不是洪水猛兽，网络的作用不能全盘否定。父母可以和孩子一起上网，不仅能起到监督的作用，还能共同探讨网络中的很多问题，可谓两全其美。

3. 定规矩，合理上网

父母应心平气和地与孩子定一些彼此都接受的规则，比如：只能进入指定的几个网站；别人推荐的网站须经过父母同意才能进入；要保护自己和家庭，不能在网上留下家里的电话；上网时间不应超过两小时等。

4. 把电脑放在家里的"公共场所"

父母可以把电脑放在家里的"公共场所"，如客厅或公用的书房等，这是帮助孩子安全上网最简单的方法。

5. 孩子上网有瘾时，家长应多监督和管理，有过程地帮助孩子戒除

对于孩子的网瘾，父母可以巧妙运用递减法。比如，从原来每天上网6小时改为5小时，再改为4小时，逐步减到每天一两个小时，慢慢恢复到正常状态，不能急于求成，想一刀下去斩草除根，要在循序渐进中收到成效。

6. 引导孩子正确使用网络工具，让生活变得更精彩

网络是把双刃剑，父母应用其利而避其弊，积极引导孩子科学理智地使用网络，成为网络真正的主人。网络的作用，父母已经深深体会到，也要教会孩子利用网络信息的庞大和快捷，为生活带来方便。比如，当全家要出外旅游时，你可以将查路线、订酒店等任务交给孩子；当你需要某种书籍时，也可以让孩子在网上为你购买。这样，让孩子体会到成就感的同时，也能开阔其视野，培养其生活自理能力。

其实，上网就像孩子上街一样。刚开始，你可以带着孩子，让其注意安全，遵守交通规则；等到孩子熟悉了基本路径后，父母就可以松开手，看着孩子操作。只有在孩子形成了良好的上网习惯后，父母才可以轻松地站在孩子的背后！

"只有玩网络游戏才让我觉得畅快"
——沉迷网络游戏的孩子该怎么教育

◎ 父母的烦恼：

曾经有一篇报道，讲述一个15岁的少年小瑞沉迷网路游戏的经历。

小瑞和很多90后的男孩一样追求个性、时尚前卫。其实，小瑞生长在一个很幸福的家庭，家里的长辈，尤其是爷爷奶奶很疼爱他。所有同龄人拥有的电脑、手机、MP4……长辈都给他买了。

小瑞也一直是个很听话的孩子，但不知道为什么，到了初二的时候，

小瑞突然爱上了网络游戏，平时一放学就钻到网吧，要不就去同学家通宵打游戏。父母知道这样不是办法，便跟小瑞聊几句。谁知道，孩子不但不听，反而变本加厉，甚至偷钱去网吧上网。一气之下的小瑞爸爸打了他一巴掌，从没被父母如此训斥过的小瑞便负气离家出走了。

无奈之下的小瑞父母只好报警，幸好最后，警察在隔壁市的一间网吧找到了小瑞。

现实生活中，可能不少父母都遇到了故事中的小瑞父母这样的烦恼，孩子沉迷网络游戏、无心学习怎么办？

不得不说，现代社会，互联网的盛行，在给人们的生活带来便捷的同时，也毒害了不少不懂得节制上网的孩子们。

对于青春期的孩子来说，他们最重要的任务就是学习，是充实自己，享受快乐的少年生活。但一旦孩子沉迷网络游戏，就会对身心造成伤害。

曾经有一个网上调查，很多青少年自己对泡网吧的利弊也看得相当透彻。然而，在近半数的人认为泡网吧影响了自己生活和学习的同时，还是有少部分的青少年觉得自己已经对网吧产生了明显的依赖心理：如果几天不去网吧，心里就有惶惶然的感觉。或许对于他们来说，网吧在他们生活中的位置恰如一首歌里唱得那样："你是一张无边无际的网，轻易就把我困在网中央。我越陷越深越迷茫，我越走越远越凄凉。"那么，为什么网络游戏对于青少年来说有这样大的吸引力呢？

对于青少年来说，他们身心发展不成熟，好奇心强，缺乏自控力，认知能力不足，自我意识却又很强烈；他们还渴望独立自主，与人平和交往和合作，渴望获得尊重，而网络游戏恰恰迎合了他们的这一心理需求。网络游戏具有极强的现实性和互动性，在这样一个虚拟的世界里，青少年同样可以感受到与他人的合作和尊敬，升级游戏更让他们找到成就感。

面对网络游戏已经成瘾的青少年，帮助他们戒掉网瘾应该针对不同情况具体分析，具体方法包括勤于沟通、转移注意力、进行心理卫生指导、行为上约束、及时就医等。

♣ 心理支招：

1. 勤于沟通

如果孩子沉迷网络游戏，父母可以采取家庭疗法。父母应该多与孩子沟通，这种沟通不是简单地过问学习成绩，而是把孩子当成朋友，关注他们的感情世界，和他们一起探讨其感兴趣的话题。父母可以多带领孩子参与一些有益于成长的文体活动。

2. 帮助孩子转移注意力

调查发现，喜欢网络游戏的孩子都很聪明，而且动手能力强，但是长期下去却有可能导致他们的智力水平降低。这时必须转移他们对网络的注意力，可以多搞一些科技活动，充分发挥他们的特长，循序渐进地把求知欲和好奇心引向健康轨道。

3. 适当地进行行为上的约束

对于上网成瘾的孩子千万不要强迫其立即停止，也不能放任不管。应从约定上网的时间和次数开始，然后逐日递减。如果期间采取一定的奖励和惩罚措施，注意要及时兑现，否则就没有约束力了。

网络的普及和网络游戏的迅猛发展在给人们带来惊喜的同时也引发了一系列的社会问题，其中青少年网络游戏成瘾问题越来越受到人们的重视。其实，上网绝不是"洪水猛兽"，网络游戏也并不是不能玩，但凡事应有度。作为父母，一定要对孩子的上网行为做出指导，要让孩子明白，他们能在网游游戏中寻求到的心理满足，同样能在现实生活中得到。

网恋，幸福还是陷阱——别让孩子成为网恋的牺牲品

◎ 父母的烦恼：

最近，陈太太总是往学校跑，究竟是什么问题让她如此的着急。通

过了解，原来是其女儿陈静最近与外地的一个男孩联系过频，经常通过短信或网络联系，都影响学习了。陈静在家很少与父母沟通，朋友也不多，出现这种情况，让陈太太措手不及，不知道该怎么面对。她与孩子交流了好多，一些利弊关系也重申不少，但就是对孩子不起作用，孩子究竟怎么了？

陈太太和丈夫都在单位上班，每天忙于工作，早起晚归很少有时间陪孩子。即使是与孩子照面，多是说教、讲道理，要求孩子该做些什么，不该做些什么。用陈太太的话说，孩子从小就在身边，对孩子给予很高的期望，按自己的计划在培养。但不知道为什么，孩子越来越难以理解和接受，有时还与父母顶撞。作为父母究竟该怎么与孩子相处呢？

父母发现女儿网恋的担心是自然的。作为父母，要分析一下孩子陷入网恋的原因。从心理上看，这是孩子家庭情感缺失的一种体现。

在如今这高科技时代，网络成为了许多人生活中不可缺少的一个重要组成，甚至网恋也在逐渐蔓延，虚幻的情感使得许多青春期的孩子为之神魂颠倒，并呈上升的趋势。也许正是虚幻的美丽，给予大家一个想象的空间，也给了网恋一个极大的市场。但毕竟网恋有的只是情感上、精神上的沟通，真正现实中的许多问题在网络上根本无法体现出来，这并不完全可靠，网络的虚拟与现实中的真正接触还存在着一定的差距。网络上即使有爱，也必须在现实中才能得到发展，否则不过是空中楼阁、海市蜃楼、水中月镜中花，太虚幻，太难以实现了。青春期衔接着孩子的童年和青年，是人生的岔路口，是长身体、学知识、立志向的重要时期。失败的网恋，会让孩子有一种说不出的痛。因此，父母一定要对此引起重视，别让孩子成为网恋的牺牲品。

出于对孩子的爱，很多父母现在每天的首要任务就是监督孩子的上网情况，不能超时，不能视频，不能和陌生人聊天，不能……不能……你的孩子能顺服于众多的不能吗？更有些孩子不服从父母的管教，半夜逃跑到网吧上网了。这种现象在生活中并不少见，这些孩子已经成为了网恋的牺牲品。而这种结果的出现，正是父母错误的管教导致的。可怜天下父母心，孩子的心思越来越难捉摸了。对网恋中的孩子，"堵"不是办法，因势利导才是上策。

♣ 心理支招：

作为父母，可以试着从以下几个环节入手：

（1）假装不知情，以某种正当理由限定孩子的上网时间和次数。

（2）生活上给孩子更多的关爱。增强家庭成员之间的情感交流，能使孩子体会到家庭浓浓的亲情和爱意。

（3）关注孩子的日常学习生活，帮助他们养成良好的生活、学习习惯。孩子旺盛的精力都被利用了起来，自然就没有闲工夫再沉迷于"网恋"了。对成绩不好的孩子多鼓励，赏识孩子做出的一切努力，不要一味地批评，把孩子"逼"到网络世界中寻找虚拟的快乐。

（4）多带孩子参加户外活动，让孩子充分享受现实世界的美好。同时，鼓励孩子多参加学校集体活动，孩子见识到更多、更优秀的同龄人，自然就不会盲目沉迷于"网恋"了。

（5）要培养孩子广泛的兴趣爱好。网恋与网瘾是分不开的。凡是有网恋的孩子，一般都是经常沉迷网络，精神世界空虚，没什么兴趣爱好。因此，父母可通过读书看报、唱歌跳舞、绘画、种花草、家庭旅游等，培养孩子多方面的兴趣爱好，充实孩子的精神世界。

（6）要重视与孩子平等地交流与沟通。父母不能只关心孩子的学习与生活，还要关心孩子的思想，经常听听孩子的心里话；要针对青春期孩子易冲动的特点，帮助孩子学会分辨现实与虚拟，不受网络虚拟情感的诱惑。

（7）要与老师经常保持联系，掌握孩子在校的全面情况。一旦发现孩子有什么异常，就要及时与孩子沟通，多去理解和关注孩子的成长。

孩子网恋不是问题，其实，换个角度想，作为父母是否可以因此欣慰：因为这表明孩子真的长大了，情感有了新的需求。最重要的是父母如何面对和接受，如何去引导孩子健康发展，给自己的心情也放个假，抽时间多陪陪孩子，能够真正创建一个温馨欢快的家庭环境，让孩子能够真正融入家庭，能够与父母敞开心扉，是做父母最开心的事。父母平时也要关注孩子，了解孩子的思想情感动向。如果网恋影响到了学习，父母要选择恰当的时机，和孩子朋友似的交谈，一定要把握好语言、方式，切忌伤害孩子稚嫩脆弱的情感，造成孩子逆反和抵触心理，或者给孩子的成长留下阴影。青春期的孩子就像透明美丽的易碎品，父母一定要轻拿轻放，要能够放下心态，真正走进孩子的心灵。

网络不是洪水猛兽——如何让网络成为有用的工具

◎ 父母的烦恼：

程先生的儿子程强最近在网上发现了一个很好玩的游戏。孩子毕竟是孩子，对什么产生兴趣之后，就一门心思扑在上面。这不，程先生在厨房喊着吃饭，他都没听见，直到程先生生气地走进卧室。

"我还以为你在看书、做作业呢，没想到你在玩游戏，还这么起劲，真是气死我了。"程先生真的生气了，而程强还在玩他的游戏。

"我马上这一局就玩完了，您先吃啊！"程强应着。

程先生一听儿子这么说，更是生气了，但转念一想，要是和孩子硬来，肯定不仅起不到作用，还会适得其反。孩子生活在单亲家庭里，更是要特殊对待。于是，他压住了怒火，说了句："儿子，你先玩着，爸爸吃饭去了，吃完饭，爸爸有话跟你说。"

晚上，程强吃完饭，自己收拾了碗筷，坐到爸爸身边。

"儿子啊，你这个年纪，的确爱玩，这当然没错，但是你发现没，你最近玩游戏已经有点影响学习了。"

"是吗？"

"是啊，你看，你以前十点之前就能上床睡觉，可是现在要熬到十二点才能完成作业，上次测验成绩也是大幅度下滑啊！"

"是啊，这倒是。可是，这个游戏是新出来的，很多人都在玩，我也想玩啊。"

"你看这样好不，以后每天晚上你回来，饭前的时间电脑归你玩，你可以玩游戏。饭后，我就把笔记本搬到我的卧室，我们父子俩分开玩，以后我们还可以交流游戏心得，这就不耽误你的学习了，你说好不？另外，我觉得以后上网呢，还是尽量多以学习为主，你说是不？"

"爸爸，你真是太厉害了，好，我答应你。另外，这次期中考试你就看好吧，我一定拿个好成绩给您看看！"

程先生是教育的有心人，面对沉迷于网络游戏的儿子，他并没有采取很多父母常用的禁止措施，而是和孩子促膝长谈，帮助孩子认识到迷恋网络的危害，并为孩子指出了解决措施，不仅加深了亲子关系，还让孩子学会了正确地上网，这一方法值得很多父母借鉴。

网络是个大家关心的话题，孩子作为家庭的一员肯定要参与到这个问题里面来。尤其是进入青春期的孩子，他们在网上相当活跃。他们能在网上查询大量感兴趣的信息，喜欢浏览网页，并敢于向权威人士提问。除此之外，他们也开始进入聊天室，与其他人分享经验和兴趣。是否能让孩子上网？答案应该是肯定的。但网络的负面作用早已毋庸置疑，针对这种情况，我们对家长提出以下建议：

♣ 心理支招：

1. 以身作则，父母也要健康上网

为什么国外青少年上网成瘾的现象没有我国严重，国外都是父母首先学会健康运用电脑和网络。如果父母自己沉迷于网络游戏、网络聊天等活动，孩子必然"看在眼里、记在心上"，一旦有机会便会效仿。同样，如果父母抵制网络，不愿意学习网络技术，不愿意利用网络学习新知识，那孩子也会反感新技术，不愿意接触新事物。

因此，作为父母，自己首先应及时学习充电，了解计算机、网络的一般常识，只有这样，才能有效地起到监督孩子的作用。如果你什么都不懂的话，小心了，你很有可能会受到孩子的欺骗。当你懂得一些网络知识后，可以和孩子一起感受网络所带来的便利与快捷。必要的时候，甚至可以向孩子学习。当然，也可以请一些朋友或老师帮忙。

2. 不要杜绝孩子上网，网络并不是洪水猛兽

让孩子"远离网吧""远离网络"也只是让孩子远离网瘾毒害的权宜之计。长此以往，若几代人都要18岁后才接触网络，网上信息资源的浪费是其次的，远离信息时代最重要工具的青少年的素质及心理健康会大受影响。文明上网以预防为主，父母不要把电脑视为洪水猛兽，网络是不能抗拒的发展方向，我们要主动迎接这一挑战。

3. 运用多种措施对孩子加以引导

（1）要严格控制孩子的上网时间。长时间凝视电脑屏幕会导致视力下降，进而近视；显示器产生的电磁辐射也会直接侵害孩子的身体；大脑由于处于长时间的紧张工作状态，会变得麻木、混沌；颈椎、脊柱等部位会因弯曲、久坐不动而变形、疼痛。除此之外，还会对其学习、生活产生不良影响。所以应严格控制孩子的上网时间，一般应控制在每天1小时为宜。

（2）要严格控制孩子上网的内容。网络上黄色、反动、黑客等站点会对自制能力较差的孩子产生误导作用，父母在电脑上要安装网络过滤软件，并经常查看孩子上网的历史记录及收藏信息，发现问题要及时采取对策。

（3）教育孩子要安全上网，不要透露个人信息。父母要时常教育孩子坚决不要把个人及家庭信息暴露在网络上，坚决不要让孩子被别人诱导，将个人账号、生日、住址、工作单位等信息暴露出去。

（4）要引导孩子去上一些启发性强，有关自然科学文化知识的网

站，并引导孩子学会查找一些他们认为有趣的信息。

青春期的孩子毕竟自制力有限，面对网络的各种诱惑，很多大人都难以抵制，更何况孩子。对此，父母只有加以监督和引导，才能让网络成为孩子获取知识和信息的有用工具！

"网友可以交吗"——教育孩子慎重对待网络朋友

◎ 父母的烦恼：

李太太的女儿叫李倩，平时很少说话，但却有很多朋友，而这些朋友都是虚拟的，也就是一些网络朋友，除了"哥哥"、"姐姐"外，还有"男朋友"。和男生不一样，她上网不是玩游戏，一般都是聊天，认识各种各样的人。别看她仅仅是个初二的学生，却是个地地道道的"网虫"。一般情况下，她都在网吧上网。

老师知道情况后，主动找到李倩谈心，对她说："家里没有电脑吗，你为什么要去网吧上网？"面对老师的发问，她不屑地说："现在家里虽然都有电脑，但是爸妈管得紧，根本不让我和陌生人说话，有时候还会翻看我的聊天记录，一点自由也没有。"

当问到通常在何时上网时，李倩说："我一般把中午饭钱省下来，周末的时候就会去网吧待一天，就可以见到我那些朋友了！"

有段时间，李倩特别开心，据她说，她马上就可以见到她那些朋友了。这事被老师知道后，老师很快就联系了家长。果然，经过他们调查，李倩这些所谓的朋友都是在娱乐场所从事不正当职业。李太太当时吓出一身冷汗，女儿差点被骗了。

后来，李倩痛苦地说："我原来是班里的前三名，自从迷上了网络交友后，现在却是班里的倒数第三名，其中数学仅考27分，另外，还有4门功课不及格。网吧真是害死人！"当然，她也知道沉迷网络不好，影响学习和前途，可就是管不住自己，老是惦记着，这次还差点犯下大错。老师听完她的讲述后，给她分析了网络的利弊，希望她以后多加注意，对待网络朋友一定要慎重。

随着计算机技术的发展，网络正以前所未有的强大力量冲击并影响着人们的生活。它在发展青少年智力的同时，也有其弊端。网络使人像吸海洛因一样成瘾中毒，它对网迷特别是青少年网迷的身心健康发展带来较大危害。

的确，现代社会，网络可以让两个不认识的陌生人畅所欲言地交谈。因为网络具有虚拟性和隐匿性的特点，因此带来了一些弊端，比如网上"交友"、"聊天"以至"网恋"越来越严重。很多社会不良人士将魔手伸向了青春期的孩子，因为青春期的孩子缺乏自我控制和自我保护能力。很多青春期的孩子更是单纯地认为网络中有纯真的友谊和恋情。其实，不尽然，当你对网络另外一头的朋友已经信任时，或许你正陷入危险之中。近年来，不法之徒利用网络对青少年实施犯罪的案例不断出现，而少女因为迷恋网络而犯罪甚至丧命的悲剧也频频见诸报端。

为此，作为父母，必须要让孩子认识到网络聊天的危害，让孩子慎重对待网络朋友。

♣ 心理支招：

我们要告诉孩子：

1."对待网络朋友，一定要慎重，你可以问自己是否知道以下几条信息"

（1）谈吐是否显示有素质？从谈话可以看出一个人的修养。那些说话流里流气的人，毫无口德或者满嘴脏话的人要远离。

（2）对方的资料是否较全？如果对方对自己的真实信息遮遮掩掩的话，你要小心了，因为一个坦荡交友的人是不怕把自己真实的所在城市、地址、年龄、职业写出来的。

（3）是否有共同语言？这里的共同语言指的是，人生观、价值观等方面是否相同，而不是一些负面的思想。

（4）交往持续多长时间了？时间是可以验证情感质量的。

2．"关键的是自己一直要清醒地对待网络朋友"

（1）保持警惕心。不要轻易告诉对方自己真实住址、姓名、电话。除非交往时间很长，确认对方可以信任了。

（2）最好能将网络与现实区分开，不要让网络影响现实。

（3）尽量少跟已婚异性交往，对方是否已婚，一般可从谈吐中听出来。

（4）尽量不要单独会见异性网友，尤其是在晚间，防止被骗。

（5）对方要求视频时，尽量拒绝。

父母要让孩子明白的是，你能理解他们正处于青春期，需要朋友，但交友渠道一定要正当。对待网络那些朋友，一定要慎重，要学会保护自己，不要上当受骗！